U0159189

论"经略海洋"经济

黄建钢◎著

陕西新华出版传媒集团

陕西人民出版社

图书在版编目（CIP）数据

论"经略海洋"经济 / 黄建钢著 .— 西安：陕西
人民出版社，2022.12
ISBN 978-7-224-14780-3

Ⅰ．①论… Ⅱ．①黄… Ⅲ．①海洋经济－经济发展－
中国 Ⅳ．① P74

中国版本图书馆 CIP 数据核字 (2022) 第 248047 号

责任编辑：石继宏
封面设计：石　几

论"经略海洋"经济

作　　者	黄建钢
出版发行	陕西新华出版传媒集团　陕西人民出版社
	（西安北大街 147 号　邮编：710003）
印　　刷	广东虎彩云印刷有限公司
开　　本	787 毫米 × 1092 毫米　1/16
印　　张	13.5
字　　数	182 千字
版　　次	2022 年 12 月第 1 版
印　　次	2022 年 12 月第 1 次印刷
书　　号	ISBN 978-7-224-14780-3
定　　价	78.00 元

如有印装质量问题，请与本社联系调换。电话：02987205094

Contents 目 录

第一篇

"经略海洋"经济的基本理论

一、对海洋资源的利用产生的效益和效应

"经略海洋"经济其实是对"海洋经济发展学"的丰富。"海洋经济发展学"研究的是"海洋经济"发展所引发的系列问题。"海洋经济"本身就是对陆地经济发展的继承和继续。陆地经济发展到现在还只是一个局部经济。人类经济要发展成为一个全球的整体经济,就必须发展"海洋经济"。海洋占地球表面积的71%,它的资源也占全球资源的71%。现实是,对海洋经济,目前只有实践及其现象,几乎还没有理念,更没有理论。没有理论驾驭的实践往往是盲目的。这就需要在充分实践的基础上把"海洋经济"再上升到理论的高度加以认识。

这里有四个问题至关重要。一是究竟怎么认识"海洋"?二是究竟怎么认识"经济"?三是究竟怎么认识"海洋经济"的发展?四是究竟怎么发展"海洋经济"?目前,经济学理论还没有进入"海洋经济"的领域。我们现在所有的经济学著作或者经济学理论,一般是陆地经济学、工业经济学和资本经济学的理论,对进入21世纪后产生和形成的具有全球性的和世界性的经济现象和经济问题,都缺乏一种理论的审视和思考。到底是把"海洋经济"放到"经济学"中去考虑,还是放到"生态学"中去考量,这本身还是一个问题。应该看到,"经济学"发展到21世纪应该是一个"生态经济学"的状态和境界。"海洋生态经济学"是一个更加复杂的经济学理论。"海洋"在其中不仅是一个面积概念、资源概念,更多的是一个生态概念,甚至还是一个立体生态的概念。

(一)"海洋经济"概念发展的历程

1. 传统说。

海洋经济其实是一直伴随着人类生长和发展的,只是伴随的形式有时直接有时间接、有时显著有时隐藏而已。"海洋"本来就是万物之母,是生命存在的前提和基础。现实的一般民众基本还都陷在对"海洋经济"的传统说法里。从世界角度看,海洋经济的内涵和外延都在不断变化,但对中国人来说,"海洋经济"的概念至今还保留在"通舟楫、兴渔盐"的层次①。所以,从传统角度看,是只有盐业经济和渔业经济而没有海洋经济的。"海洋经济"是一个现代才出现的概念,具有现代经济的基本特征,现在发展海洋经济,既要传承传统——传统的海洋经济是人类最本质的生理需求形成的,又要发展现代——现代的海洋经济是人类最本质的心理需要造成的。

2. 代际说。

海洋经济发展至今已经到了第五代。前四代分别是"自然代""自由代""权力代"和"权利代"。第五代是一个"权益代"。每一代的发展都需要一代人的努力和奋斗。从前一代到后一代都是一次质的飞跃,都是一次思维的跳跃。古代的海洋经济基本上是"自然代"的结果。近代的海洋经济基本上是"自由代"的结果。处于近代向现代过渡的海洋经济是"权力代"的结果。现代海洋经济是"权利代"的结果。而"权益代"是后现代海洋经济的理论基础。人类自进入海洋经济的"自由代"才开始有理论,荷兰人格劳秀斯的《海洋自由论》②在其中处于举足轻重

---

① 徐红.21世纪是海洋世纪[J].铁军,2014(1).
② 胡果·格劳秀斯.海洋自由论[M].宁川,译.上海:上海三联书店,2005.

的地位。"权力代"的理论以马汉的《海权论》^①为代表。"权利代"的理论已经落实在了制度层面,最典型的海洋权利制度就是1982年颁布的《联合国海洋法公约》。现在的海洋经济虽然在实际层面已经进入"权益代",但海洋经济的"权益代"理论尚未形成。真正的"权益"其实就是Right。中文翻译Right为"权利"比较片面,翻译为"权益"更合适些。真正的"权利"翻译成英文应该是Interest。而马汉的海洋理论是Power理论。所以,现在的"海权"概念、理念和理论是很模糊的,甚至还是有歧义的。

3.现代说。

"海洋经济"到21世纪后进入了现代状态。这是一种充满了生态文明气息和海洋战略味道的经济状态。最初,"海洋经济"就是"海洋战略"的最智慧表达,直至现在"海洋经济"仍然是"海洋战略"的主要组成部分和主要实现形式。它们之间的区别在于,"海洋经济"究竟是一种眼前的策略经济,还是一种长远的战略经济,或是一种周全的方略经济,抑或是一种精致的经略经济。只有把"海洋经济"与"海洋生态"有机结合起来的时候,它才是一种战略经济,将开创一个起码有上千年时段的时代。所谓现代性,一定是一种整体的崭新状态,是基本和基础要素发生了变化。把"海洋"作为主要的要素介入和渗入生产生活方式中,就是一种崭新的现代方式。

4.学术说。

现在确实到了应该对"海洋经济"及其发展进行学术界定的时候。进入21世纪后的"海洋经济",一定是一种在理论指导下发展的海洋经

---

① 阿尔弗雷德·塞耶·马汉.海权论[M].一兵,译.北京:同心出版社,2012.

济。"海洋经济"及其发展涉及的学术问题还是多维和复杂的，如怎么理解"海洋"、怎么理解"经济"、怎么理解"发展"等等。现在一般都是从海洋里获利的概念。在这个概念指导下的行为容易变为一种侵略、掠夺和强取豪夺。其实，在古代，"经济"是一个节省和节约的概念，但从现代的角度看，"经济"就更多地具有一种保护和利用生态的概念。按照马克思主义人类社会五段论发展理论看，奴隶社会和资本主义社会基本上都是反自然和生态的发展，而原始社会、封建社会和共产主义社会基本都是符合和利用自然生态规律的发展。其中，原始社会是草木及其水果经济和游牧经济，封建社会是土地经济，共产主义社会就应该是一个海洋经济。"海洋是人类的公共池塘"[①] 的说法就揭示了海洋对人类具有公共性的基本特性。但现在看来，把海洋看作是人类最大的甚至是根本的公共性领域，还只是一个未来状态。现在全世界对气象问题已经十分重视。其实，气象问题的根本是大气问题，大气问题的根本是海洋问题。海洋其实还是"人类命运共同体"[②] 的主要支撑点。海洋不仅是人类发展的公共点，更是人类生存的公共点。由此可知，海洋经济及其发展的问题不仅是某个国家某个地方的事情，也是某个国家整体发展的事情，还是某个海洋区域发展的事情，更是整个人类整体发展、共享发展、健康发展、可持续发展的事情。这其实是海洋经济

① 黄建钢，刘景龙.论"海洋公共池塘"——一种对"海洋"的新理解［C］.2013年中国社会学年会暨第四届海洋社会学论坛论文集.上海，2013.
② 据新华网发文统计，自中共十八大报告中明确提出"要倡导人类命运共同体意识，在追求本国利益时兼顾他国合理关切，在谋求本国发展中促进各国共同发展"以来，到2015年5月，两年多时间里，国家主席习近平谈及"命运共同体"就有60多次。这是他深入思考事关人类命运的宏大课题，展现出中国领导人面向未来的长远眼光、博大胸襟和历史担当的一个结果。(参考：命运共同体：对人类未来的理性思考_中国政府网 http://www.gov.cn/zhengce/2015-05/19/content_2864807.htm) 习近平同志在十九大报告中提出，坚持和平发展道路，推动构建人类命运共同体。他说，中国共产党始终把为人类做出新的更大的贡献作为自己的使命。

及其发展最大的学术问题。海洋以及气候、气象和大气对人类具有极大的共享性和普惠性。所以，进入21世纪后的海洋经济应该是一种全球化经济、世界化经济和人类化经济。

5. 发展说。

重视海洋经济，本来就是为了满足人类进一步发展的需求。人类的每一次发展，都是突破资源局限的发展。人类的发展经历了三个阶段。一是迁徙式发展。这是人类最早寻找发展机会的形式。人类至今的集体迁徙有过四次。第一次是4万年前集体从非洲北部高原走到现在亚洲东海平原。那时候北太平洋的海平面比现在要低150米左右。第二次大的迁徙是在1.5万年前大部从东海平原迁徙到蒙古高原。这是由于海水在1.5万年前时上涨，人们只好顺着黄河河道逃到蒙古高原。第三次大的迁徙在8000年前左右。由于气候变化和人口增多等原因，蒙古高原的生态已经无法承受人类的生存和发展。于是，人类一分为六进行迁徙。一部分从蒙古高原的东北部走下蒙古高原。这部分后来穿过白令海峡进入北美洲，然后再通过墨西哥长条地形进入南美洲。一部分从蒙古高原的东南角走下蒙古高原进入中国现在的东北平原，然后进入朝鲜，再进入韩国，再进入日本。一部分是从蒙古高原的南部南下进入中国现在的中原。这是分两批进入的。第一批直接进入河南。河南的平原大约在6000年前形成。第二批是先下到陕西"塬"上。这就是周朝的来源。一部分是从蒙古高原的西部走下蒙古高原，进入现在的东欧、东南欧和南欧，还有中亚、南亚。还有一部分是继续留在蒙古高原上的人类。他们后来又陆续分批走下蒙古高原，如匈奴、蒙古族等。[①] 二是数量式发展，

---

① 黄建钢，卜晗."东海平原文明"猜想——基于对"现代人"的考古发现［J］.浙江海洋学院学报（人文科学版），2016(2).

也即增量式发展。因为猎杀工具的改进，猎取的动物数量增多，由于农业工具的改进，收获的农作物数量增多，社会中就产生了空闲阶层。这既是脑力劳动者和体力劳动者分化的生产基础和经济基础，也是阶级形成的物质条件。三是资源式发展。资本主义给人类发展带来了惊喜，又带来了厄运。开发地下资源，如煤炭、石油、天然气，给地球生物生态带来了巨大的破坏甚至摧毁。于是，人类才把目光对准了海洋，作为一个整体概念的"海洋经济"才应运而生。它为人类再进一步的发展提供了一条发展路径。

(二)"海洋经济学"的特点

现在一般对"海洋经济"内涵的界定都是陆地思维和资本思维的产物。"海洋经济学"不是一个简单地把"经济学"运用于"海洋"领域的问题，而是要创新一个崭新的对经济形态、经济方式和经济标准进行思考和研究的体系的问题。它不仅要研究经济进入海洋领域从而产生经济效益和效应的问题，还要研究经济的运行和发展方式进入一个新层次、新范式和新质量的问题，更要研究经济发展呈现出一个新方向、新方式和新标准的问题。它涉及海洋要素和机理在经济发展中的地位和作用及效益的问题。

所以，"海洋经济学"或者"海洋经济发展学"是一门新学科，具有新思维、新目标和新标准。这个学科具有以下一些基础特性：

1. 时代经济。

人类自进入 21 世纪后才正式进入了海洋时代。联合国专家早在 20 世纪 90 年代初期就预测海洋时代即将扑面而来。为此，在 1994 年 12 月，联合国宣布，1998 年为"国际海洋年"，每年的 6 月 8 日为"世界海洋日"。由此标志人类走完了一个自 15 世纪起至 20 世纪末时间跨度为 500 年的从陆地世纪向海洋世纪的过渡和转变的阶段。而在 15 世纪前,人类几乎一直是在陆地时代中生存的。进入 21 世纪后,人类的存在由海边进入了海中,不仅看到了地球表面积的 71% 是海洋这个基本事实,而且还认识到了人类生活的"洲"其实就是一个海上大岛。这就需要人类去重新发现、认识和利用海洋为自己的经济和社会的发展服务。这种服务已经进入一个全面、整体和系统的状态。海洋经济进入 21 世纪后具有一个明显全面化的特性。人类在 21 世纪之前的经济一般都是行业经济、产业经济和区域经济等局部和片面的经济状态,甚至还是一种恶性竞争的经济状态。而 21 世纪的经济一定是一种协调与和谐的经济。

2. 方式经济。

它对应的是 GDP(国内生产总值)经济。GDP 经济一般只是一个数量增加或者减少的变化概念。在 GDP 经济之前,人类经济是一种土地经济。在土地经济之前,人类经济是一种"奴隶"经济。在"奴隶"经济之前,人类经济则是一种原始的果实经济、鱼禾经济和马羊经济。那时候经济发展的主要任务是解决随人口数量增加而来的吃饭问题。"经济"本来就是一个人类对资源的不断发现、认识和利用的过程、状态和方式。资源应该成为生态的有机组成部分,利用资源要以不损害生态为前提。资源一旦脱离了生态系统和背景,就会反过来对生态形成强大的破坏和损坏。在 GDP 经济体系中,获得的 GDP 越多,说明经济就越发达。而在生态经济体系中,在获得相同 GDP 总量的同时,支付的能源和资源越少,则经济越发达。从 GDP 经济的角度看海洋经济,它就是从海洋获得 GDP 多少的概念,是一个得到概念。而从生态经济的角度看海洋经济,它就是一个是否影响到海洋生态以及影响到海洋生态多少的问题。其中有节约的概念。要充分认识到海洋在地球生态中特别重要的地位和作用，以及怎么发挥海洋的生态功能和作用，进而为人类的生存和发展服务。所以，方式经济还是一种以生态力为动力的经济形态。生态力是一种自然力，如四季转换所形成的力量。如果从生态经济的角度看航运经济，就会发现，它应该是一个充分利用风能、潮汐能、洋流和海流等海洋生态力的经济方式。其中，在航运的过程中，利用生态的能源越多，它就越生态。由此再来看海洋生态经济学，它就应该是一门如何发现、发展和发挥海洋生态力的学问。海洋生态力发挥得越好，节省的容易造成污染的能源就会越多。这是经济学发展的一个新方向、新内容和新标准。过去甚至现在的市场经济，都是一种竞争经济。竞争从局部看是节约性的，但从宏观看是浪费性的，甚至是极大浪费性的。从表面看，它竞争的是价格，实则竞争的是对有形和无形资源的消耗。它最终导致了在招标过程中一般都是最低价中标的现象。但价格一旦低过质量的保障线之后，随之而来的是质量一般也会出现问题，这又造成另一种资源浪费。所以，海洋经济不仅是少花钱的经济，还是少付成本的经济，更是少用能源的经济。其中，成本是一个综合概念，它包含人工成本、资本成本、机会成本、时间成本等多种内涵。其中，最大的生态就是人们的心态。生态坏了，从表面看是错误行为所致，其实是心态不好所致。世上最大的资源应该是人的心理资源。有没有发现资源、能不能利用资源都与人的心态密切有关。在中国的政策和政治层面，生态经济已经逐渐进入治理思维。比较典型的就是"河长制"和"湖长制"① 的推行。根据这个思路，海洋经济及其发展现在需要一种"海长制"的治

---

① 新华社：中共中央办公厅、国务院办公厅印发《关于全面推行河长制的意见》_ 新华网（http://news.xinhuanet.com/politics/2016-12/11/c_1120095733.htm）

理方式。区别在于,"海长制"一般都是一个国际概念。这就需要构建一个崭新的"海洋社会"机理和系统。其实,随着海洋进入地球生态系统后,生产方式已经进入一种立体状态。

3. 吸碳经济。

它对应的是低碳经济[①]。低碳经济对应的是还在不断发展的排碳经济。人类进入近代后,随着工业化的不断发展,排碳已经成为主要的经济发展方式。工业的发达和人口的增长造成了排碳的急剧增加。于是,人类就创造了一个又一个"雾都"。人类最早和最著名的"雾都"是伦敦,后来是巴黎、东京等,最近是以北京为中心的京津冀地区。低碳还是多碳,只是一个数量概念。如果只是发展低碳经济而没有发展吸碳经济的话,那么大气也会因二氧化碳的量变而最终发生质变,不是人类把大气中粒径小于或等于2.5微米的颗粒物(称为可吸入颗粒物)吸入肺部难以排解掉而导致死亡,就是由于大气中的二氧化碳的浓度过高引发大气发生剧烈爆炸而使整个地球都会裸露在宇宙之中。地球生态已被破坏到一个仅以"低碳发展作为宏观经济目标""远水解不了近渴"的地步,所以,人类一定要想方设法发展吸碳经济。在现在的吸碳经济中,森林吸碳已经被人重视,但海洋吸碳至今还基本上是一个盲区。真正能对大气起根本调节作用的还是海洋。海洋面积大且分布均匀,海洋水蒸气是地球上能够滋润万物的雨露的主要来源,它是地球气候的最主要的调节者。海洋的这种吸碳功能和吸碳能力也是才被发现不久。这种发现致使人类对海洋的认识有所变化。要真正发展海洋的吸碳功能和提高海洋的吸碳能力,就必须发展海洋吸碳经济。专家认为,海洋里的碳含量既不

---

① 厉以宁,朱善利,罗来军,杨德平.低碳发展作为宏观经济目标的理论探讨[J].管理世界,2017(6).

可过少，也不可过多 ①。这是说，能吸碳的不仅有海洋，还有森林。估计，森林的吸碳能力只占地球总的吸碳能力的15%，剩余的85%的吸碳能力主要来自海洋。现在地球上自然的生态吸碳能力已经无法满足人类废气排放的需求。海洋既是地球最大的生态，也是地球最后的生态。海洋的吸碳能力决定大气的含碳量。大气的含碳量迅速攀升会引发大气发生化学性爆炸，大气爆炸将撕裂地球的大气保护层。地球大气层被撕裂和撕碎后，地球将毫无遮拦地完全裸露在宇宙之中。没有大气保护的地球上，海水将蒸发，人类没有大气的保护将普遍得皮肤癌。现在看，地球大气的碳含量已经开始发生化学变化，虽然还是微量的和局部的。这要求人类的吸碳能力一定要赶上、达到和超过与排碳力度同等、配套和有机的程度，并且还要不断加强。这要求对海洋的吸碳能力不仅需要发展，还需要把控和驾驭。当有一天地球大气中的碳含量已经少于需要量的时候，海洋的吸碳力量就要主动下降。人类的排碳力度在近30年中已发生化学性的变化。大气中的碳已经接近饱和状态。当大气的含碳量到达饱和点时，随时都有可能爆发大气爆炸。大气爆炸将引发大气臭氧层的裂变，不仅原有的臭氧洞将扩大，还将产生新的臭氧洞，而新的臭氧洞将以不确定和几何的方式出现，对人类形成一个防不胜防和不知如何预防的挑战态势。所以，发展海洋经济实质是提高海洋的吸碳能力。其中，一定要研究海洋吸碳功能。海洋的吸碳能力并不是按照海域面积平均布局和分布的。何处吸碳能力强？何处吸碳能力弱？哪些动植物吸碳能力强？哪些动植物吸碳能力弱？还有，哪些吸碳能力强的

---

① 焦念志："整体来看，在碳总量基本固定的情况下，如果空气里的碳多一些、海洋里的少一些，则气候就会因温室效应而变暖。相反，如果海洋里的碳变多，空气里的碳变少，则会产生气候变冷。"参考：焦念志.通过"蓝碳计划"推动海洋科研发展［N］.经济参考报，2014-10-16.

动植物还没有被发现？空气与海水的互动是有利于吸碳还是不利于吸碳？发展海洋经济，不仅是一个要从海洋中得到什么的概念，还是一个要从海洋中减少什么的概念，如通过海洋来减少大气中的碳成分和碳比重。所以，发展海洋经济，就是要提高海洋的吸碳能源、能力和能量。

4. 低成本经济。

它对应的是产值经济、利润经济和挣钱经济。现代经济并不是完全不计和不算成本的，只是现在的"成本"概念还不够全面和细致，特别是环境和生态成本以及心理和心态成本都没在传统的"成本"概念里面。这样就形成了这样一个不好的现象：很多从表面看成本很低的产品其实成本昂贵得出奇甚至惊人。现在，海洋经济发展的一个标准和标志是，要发展航运经济和港口经济。大宗商品运输正在成为海上航运业的主体，航运经济的发展必然带来船舶经济的发达。作为运输工具的船舶越大，一个单位所用的成本就会越低，关键是还因此保护了环境和养育了心态。用船来运输，成本是最低的，甚至是一种趋零的状态。而且，它还是一种低消耗经济，甚至还可用几乎是零消耗的核燃料。海洋具有非常丰富的能源资源。海洋能源是排斥陆地能源的。海洋能源有表象和深层两个概念。人类早期在海上航行借助的就是海洋能源，如潮流能、洋流能和风能。海洋漂流和帆船就体现了这种思路。这是一种成本越低利润越高的经济发展思路。其中的成本不仅是一个简单付钱少的概念，还是一个用资源少的概念，更是一个用时间少的概念。货物用船运输不仅成本低而且耗能低，决定了海洋经济的基本特性是负向指标突出。这也是一种靠减少成本增加利润的思路。其实，成本越大，风险也会越大。要想减少风险，就必须减少成本。成本越少，风险越小。零成本就是无风险。所以，借势、顺势和乘势都是成本最低甚至趋零的。而借势、顺势和乘势都属于"道法自然"的范畴，都是自然而然的。海洋具有地球上的最强力。海洋能源有矿能源和势能源两种。科学研究的重点要放在如何借助海洋能源上。

"劳力者"与"劳心者"的不同，是"体力"和"智力"之间的不同。很多的发明创造、科学技术都是为了减少成本，不仅是一个少花时的概念，更是一个多幸福的概念。这就要求新的经济学必须研究心态对生态的作用、心理对物欲的影响。世界上对自然、环境和生态影响最大的因素莫过于人的心理和心态。现在是需要重塑人的心理和心态的时候。对此，新经济学就赋有一种既是不可推卸的又是很伟大的历史使命。从技术到科学到哲学到智学再到德学，人类每上一个层次都会产生一种新的省力省时的效果和效应。其实，不仅自然界中有势能和势力，社会关系中也有势能和势力，并且在历史中也蕴含了一种势能和势力及其惯性。这是对可以借势的"势"的三分认识。由此看，"势"应该有四个层次：一是人为之势，二是自然之势，三是社会之势，四是心理之势。过分地依赖人为之势，是对其他三种势力轻视的结果。所以，要想减少人为因素，就必须发现、发展和发挥其他三势的功能、作用和影响，如把"欲望"的魔鬼再放回潘多拉盒子里从而成为"希望"。这是减能、减本、减力的核心。

5.市场经济。

它对应的是政府经济。人们一般喜欢把市场经济对应计划经济。其实，计划经济对应的应该是自由经济。所以，政府经济和市场经济在社会的运行中并不是一种对立关系，而是一种速度越来越快的互动和共促的关系。它们实际上是促动和促进经济发展的两个方面和两条路径。从陆地经济发展到海洋经济，本身就是市场发展的一种需求，是心态运行的一种结果。当海洋还只是一个水路的时候,它是陆地经济的一个补充和辅助。当海洋成为资源来源"水库"的时候,它就是人类经济的"命根子"。所以,市场虽然也强调产量和产值,但更讲究效率和效益。特别是在21世纪里发展海洋经济,应该是一种历史必然,是经济史和心态史发展到21世纪的必然结果。现在,发展海洋经济已经成为共识。问题在于,发展什么样的海洋经济?把海洋经济往哪里发展?以及以什么标准来发展海洋经济和用什么方法、怎么才能发展好海洋经济?这些都是由市场需求决定的一面。其实,当经济发展到市场经济的时候,这个经济就具有极大的包容力和包容度。特别是后三个问题,都是海洋经济学需要重点思考和解决的。没有海洋经济及其发展学,海洋经济要在全球经济或世界经济中发挥它特有的正态和正能量的作用也是不可能的,甚至还会是一种南辕北辙的作用。

(三)"海洋经济"概念的深刻内涵

1. 生命经济。

有资料表明,海洋是天然蛋白质仓库,拥有海洋生物20多万种,海洋为人类提供食物的能力要比陆上全部耕地所提供食物的能力多1000倍。每一立方千米海水中就含有3000万吨盐,而海水淡化又是可持续开发淡水资源的重要手段。海洋能的总可用量在30亿千瓦以上。海洋石油和天然气预测储量有1.4万亿吨。广阔的海洋沉积盆地储油1500多亿吨,占全球总储量的70%以上;天然气140亿立方米。洋底还富集了大量多金属结核、富钴铁锰结壳、热液硫化物等陆地战略性替代矿产。在水深大于300米的大陆边缘海底与永久冻土带沉积物中,有天然气水合物成藏,估计资源量相当于全球已知煤、石油和天然气总储量的两倍多。据统计，世界上距海洋100千米以内的地区，大约集中了全世界60%以上的人口。目前，全世界每天就有3600人移向沿海地区。联合国《21世纪议程》估计，到2020年全世界沿海地区的人口将达到人口总数的75%。世界贸易总值70%以上来自海运。全世界旅游收入1/3也依赖海洋。随着陆地资源的进一步减少甚至枯竭，沿海地区在人类活动中的作用和地位将更加突出。目前，国际社会对陆地空间的分割已基本完毕，人类遇到了资源短缺、人口膨胀与环境恶化三大难题。一些重要陆上矿产资源濒临枯竭或严重不足，全球有近20%的城市缺水，世界总人口已经突破72亿[1]，其中贫困人口达13亿，约有8亿人缺粮，而环境污染、生态恶化已相当严重，除南极洲大陆外，地球上没有遭到污染的"净土"很难寻觅。于是，各国纷纷把目光和精力转向海洋。海洋势必成为沿海国家经济和社会可持续发展的新的机遇和新的空间，对全人类来讲，海洋则是生存与发展最后的地球空间。甚至有人提出，未来文明的出路也在于海洋。[2] 所以，对海洋的尊重，就是对生命的尊重。海洋是地球生命的源头，而不是地球生命垃圾的排放地。人类污染了海洋，就等于污染了生命源头，甚至还有可能会污染到生命的DNA。

2. 生态经济。

人类一边在原始自然中生活，一边在不断地发现自然规律。随着对自然规律的不断发现，生态的概念和范围也在不断扩大。利用"生态"所产生的效益和效应才能被称为"经济"。"经济"就是"生态"现在为我们人类所用的历史最大值。那种不依靠甚至违反和破坏自然规律所产生的效益和效应，起码不是一种严格意义上的经济状态，或者只是一种经济

---

[1] 联合国人口基金会显示，全球人口在2011年10月31日达到70亿，2014年达到71亿。2016年，世界人口达到了72亿6231万人。

[2] 徐红.21世纪是海洋世纪[J].铁军，2014(1).

的异化状态，甚至还是一种最终将生命与生态分离的状态。近代以来，特别是进入现代，"经济"基本上已经摆脱"生态"而进入一个纯粹获得产值的数量状态。这种状态在人类的历史上是短暂的和异化的。对人类及其生命伙伴所依赖和依存的生态环境被破坏得在短时期内难以恢复的状况来说，是得不偿失的。这也是中国共产党第十九次代表大会报告特别重视"生态文明"建设①的一个缘由。但"生态"的内涵是变化和发展的。之前的人类"生态"概念都是一种局部生态、平面生态和陆地生态，如最早的生态是一种太阳生态——"日出而作，日落而息"。作息都是人类所需要的，依据太阳升落来安排人类的作息行为，是最经济的，也是最生态的。然后的生态经济是一种土地经济。从汉字"季"由"禾""子"构成可以看出，土地经济或土地生态已经是一种整体生态、全面生态和立体生态。从地里的庄稼可知天气的转换和变换，就是一种立体生态。那是一种已经超越了水的生态、水系生态和水流生态的平面生态。从"留着青山在不怕没柴烧"到"绿水青山就是金山银山"，就体现了这种生态经济的基本思维和思路。真正的立体生态经济是集固体资源、液体资源和气体资源于一身的。全球的立体生态经济是一种海洋生态经济。海洋是地球最大的生态系统。海洋生态决定地球生态。全球生态经济其实就是海洋生态经济。海洋生态首先是一个被液体包围、被气体裹挟、被雨雪渗透和滋润的生态。这是一种立体生态、一种全局生态、一种全球循环生态。所以，只有海洋经济才称得上是一种全球性的经济，是一种

---

① 十九大报告："生态环境保护任重道远。""建设生态文明是中华民族永续发展的千年大计。必须树立和践行绿水青山就是金山银山的理念，坚持节约资源和保护环境的基本国策，像对待生命一样对待生态环境，统筹山水林田湖草系统治理，实行最严格的生态环境保护制度，形成绿色发展方式和生活方式，坚定走生产发展、生活富裕、生态良好的文明发展道路，建设美丽中国，为人民创造良好生产生活环境，为全球生态安全做出贡献。"

以全球生态系统为载体的循环经济。生态中蕴含有巨大的能量。循环生态更是力量无比。但海洋生态又是一个中性概念，它的灾难力和资源力应该是同等的，甚至眼前的现实的都是灾难力，而资源力是远方的和长远的，如海啸和台风就属于这样的生态力。

3. 生存经济。

这是解读"21世纪是海洋时代"命题的一个结果。生存问题已经成为人类的最大和最根本的公共问题、最普遍的"命运共同体"问题。人类以前之所以重视发展问题而轻视生存问题，是因为生存问题从来也没有像现在这样严重过。从全球角度看，地球的生态正在恶化。海洋已经在影响人类最后的生存问题。臭氧洞的问题还是局部问题和间接问题。臭氧洞的扩大与人类皮肤癌的发病率成正相关关系。臭氧洞之所以在南极上空初成，与南极是一个被冰覆盖的高原而不是一个海洋密切相关。一是渔业资源严重衰退[1]，二是形成海洋垃圾大岛[2]。它们都在威胁人类的生存。与发展问题不同，生存问题是一个底线问题。这个底线问题具有浓厚的系统性。稍有不慎，就会发生系统性溃败。怎么恢复和重构人类生存的环境，其实是最大的经济。但同样是生存问题，近代之前和经过现代化之后是不同的。经过现代化之后的生存问题更难解决。之前是自然生存问题。自然生存问题

---

[1] 近几十年来，人类对海洋生物资源的过度利用和对海洋日趋严重的污染，使全球范围内的海洋生产力和海洋环境质量出现明显退化。参考：世界渔业概况 _ 中华文本库(http://www.chinadmd.com/file/wxtooiaoeoteiouoopsazvr3_1.html)

[2] 在太平洋的赤道和北纬50度之间，也就是在美国加州和夏威夷的中间地段，有一个地方被科学家们形象地描述为世界上的"第八大陆"。这个处在被称作"海洋中的沙漠"的无风的太平洋亚热带气流中心的"垃圾岛"，据科学家们粗略估计，占地面积达140万平方千米，这相当于两个美国得克萨斯州，约4个日本。据估计，这个岛由400万吨塑料垃圾组成，其中10%来自渔网，10%是海上航行的货船丢弃的，其余80%的塑料垃圾则来自陆地。最新研究表明，在1999年至2008年之间，这些碎片的密度又翻了一番。科学家在比利时的一只鸟的胃里，发现了1600块塑料残渣。许多死亡的信天翁幼鸟体内常见瓶盖、塑料打火机、塑料儿童玩具、梳子、牙刷等塑料垃圾。(根据网上资料整理而成)

还是比较容易解决的。只要放一放、养一养和保一保，就又会恢复老样。但现代的生存问题都是科学技术带来的。对这类生存问题需要用更新的科学技术才能解决。而现在的科学技术一般都不是系统和综合思维的产物，而是分析和分工思维的结果，所以，用科学技术来解决因科学技术引起的生存问题，就是一种"以毒攻毒"的思维，就会使生存问题不仅变得难以缓解，还会使本来简单的问题进入一种恶性循环的复杂状态。作为人类科学技术发展的成果——化学产品在整个地挑战海洋生态。[1] 科技海洋生态决定地球生态。现在地球生态面临巨大挑战。战胜这种挑战的过程需要经济支撑，其结果会产生巨大经济效益。其实，海洋对地球的最初功能就是改变了这个星球的生态。现在科学家判断一个星球是否有生命，主要依据是看那个星球里有没有水。有水才有大气，有大气才会对星球形成一层保护膜，再来保护星球中的水分和水汽。由此来看中文的"海洋"概念就很好地体现了水对地球和人类的重要性。地球也因为有了海洋，才使其生态呈现了一种立体生态的态势。现在，威胁人类和其他生物生存的还有温度问题。美国国家海洋和大气管理局发布说，2016年4月是自1880年有气温记录以来最热的一个月。这意味着，全球气温已经史无前例地连续12个月创下了同期新高，"是137年来此类高温持续的最长纪录"。"今年4月的特点是地球大部分陆地表面的气温都比往年同期水平偏高或偏很高。""今年4月的全球海洋表面气温也是有史以来同期最高，比同样经历强厄尔尼诺现象的1998年的4月高出0.24摄氏度。

---

① 据悉，早在20世纪80年代，科学家们就意识到氯氟烃和其他对臭氧有害的化学物质正在侵蚀着臭氧层，这些化学物质被广泛运用于发胶和制冷剂等物品中。1987年签订的蒙特利尔议定书（*Montreal Protocol*）要求全球逐步淘汰氯氟烃，用其他不会破坏臭氧层的物质来代替它。然而，已经存在于大气中的氯氟烃能停留好几十年。据了解，氯氟烃一旦到达上层大气就会分解成氯原子，当被阳光激活，它就会破坏臭氧分子。

此外，北半球的积雪面积降至50年以来最低。仅从今年前4个月看，全球平均气温也是有史以来最热的4个月，比20世纪同期平均值12.70摄氏度高出1.14摄氏度。"[①]怎么解决这些事关生存的问题，是人类经济发展首先要重点思考和解决的问题。这也是人类进入21世纪碰到的前所未有过的难题。

4. 发展经济。

这是对五大新发展理念思考的结果。五大新发展理念是中共十八届五中全会向中国"十三五"发展规划提出的发展新标准、新思路和新路径。这个系统在十九大报告中被再次肯定，还对"发展"的定位进行了详细的表述。十九大报告指出：要"坚定不移贯彻新发展理念，坚决端正发展观念、转变发展方式，发展质量和效益不断提升"。从中可以清晰地看到，"发展"的内涵在进入"新时代"后也在发生质的变化。"发展"在十九大报告中既是一个理念问题，又是一个观念问题，还是一个方式问题，更是一个质量问题。什么才是质的变化？之前的"发展"其实至多是一种"增量"概念。虽然任何质的发展最终都是要以量的增加来体现和实现的，如GDP的增加，但任何量的增加并不一定就是质的发展。任何先进的生产方式在其幼稚的时候往往还不能很好地体现出制度的优越性来。任何先进的制度在其初期还需要大量的投入和扶植。所以，人类发展进入海洋时代后，"发展"就不仅是一个GDP总量的增量问题，还有一个产生GDP的方式问题；不仅是一个从海洋中生产什么、怎么生产和生产多少的问题，还是一个怎么保护海洋及其生态以及如何在生存的基础上发展的问题。海洋不仅是人类下一步将在哪里发展的

---

① 全球气温连续12个月创同期最高_新华网（http://news.xinhuanet.com/2016-05/19/c_1118894061.htm）

空间问题，还是一个人类将如何发展的方式和资源问题。人类在利用海洋发展自己的时候，如果按照旧理念、旧观念和旧方式，有很大的可能会污染海洋。还要看到，发展海洋又是发展宇宙的前哨阵地。所以，现在的问题是，怎样才能在发展海洋经济的同时保护好海洋生态。这既是人类最大的经济学，也是人类最大的政治学。洋流和海流已经把地球上的海洋构成了一个有机的生态整体。"黄色塑料玩具鸭"①的漂流故事揭示了海洋的这个整体性。海洋对人类来说基本上还是陌生而神秘的。海洋里的生物规律和生态机理几乎还是一片空白。最近，加拿大科学家在深海拍摄到了一种叫格陵兰鲨鱼的神秘生物。②它们生活在北极及北大西洋海域千米深海底，可以活到500岁，以北极熊为食。这种生物是地球上最古老的脊椎动物，也是最神秘的生物之一。科学家表示，这种生物非常难找到，而且在被冰覆盖的深海里进行拍摄是非常困难的。海洋里到底还有什么和还在不断地产生什么，依然都是一个谜。是否要发展海里城市？是否可以利用水的重压治病？其实，把人类的生存空间从29%跳到一个全球范围上去本身就是一种发展。它首先需要发展一种整体思维、系统思维和综合思维。

5. 方略经济。

这是解读十九大报告中"新时代中国特色社会主义思想和基本方略"的结果。中国更需要把这种"方略"思维运用到海洋事业当中去。海域是一个区域概念。海域问题的根子就是一个面积问题。以往我们对区域

---

① 1992年，2.9万只中国制造的黄色塑料小鸭玩具在太平洋上遇到强烈风暴坠入大海。2007年，60岁的英国女教师潘妮·哈利斯在海滩上遛狗时，意外发现海水中漂着一只黄色塑料玩具鸭。在这只登陆英国的鸭子背后，是一支由约1万只玩具鸭组成的"鸭子舰队"。此后几年里，它们也陆陆续续奔赴英国。这是几乎横跨了太平洋和大西洋的漂流。
② 科学家在深海拍到罕见生物：身体巨大 能吃北极熊 _ 腾讯新闻（http://www.jk6.cc/article-139952-1.html）

的理解有些狭窄而扁平。实际上,对区域的理解应该分 5 个层次,分别是地域、流域、路域、海域和洋域。目前,我们基本上还只是在地域经济和路域经济上做文章,对海域经济和洋域经济至今基本没有涉及甚至还很陌生。对于海洋区域来说,谁使用和利用的能力强,谁就能掌握那片海的主动权。那种只知占有的思维,在海洋领域里已经不适用。现在,利用海洋已经进入一个海洋科技经济的时代。在这个时代,首先需要的是研发和掌握海洋科技。积极的海洋科技是,有什么样的需求就有什么样的产业,有什么样的产业就有什么样的科技。这就需要做好积极的海洋科技发展规划,要引导海洋科技专家朝着有利于人类生存和发展的科技方向研发。但想要更好地使用和利用海洋,必须具备一种方略思维。"海洋方略"是主动和整体的谋略。海洋政策是海洋策略的系统制度设计,不仅引导社会怎么关注海洋,还引导海洋朝什么方向发展。当前,海洋法律已经引起人们的关注和重视,但海洋政策却依然还没有引起一些国家政府和联合国的足够重视。

6. 公共经济。

这是解读十九大报告"倡导构建人类命运共同体,促进全球治理体系变革"的结果。其实,"海洋是人类的公共池塘"[①]。海洋也是"人类命运共同体"的主要和最大的载体。海洋经济是人类最大的公共经济,更是人类及其生物最大的共享经济。公共经济只有进入海洋状态的时候才是一种立体状态。只有从海洋看地球,才能看出陆地、海洋和大气之间形成的循环。这既是一种立体的生态循环,又是一种公共的生态循环。它们不仅互动和互生,而且还相互影响和彼此作用。共享经济是公

---

① 黄建钢,刘景龙.论"海洋公共池塘"——一种对"海洋"的新理解[C].2013年中国社会学年会暨第四届海洋社会学论坛论文集.上海,2013.

共经济的一个组成部分。利用海洋，不一定人类都可以共享。但保护好海洋，不仅人类可以共享，地球上的生物都可以共享。海洋的最大共享性在气候上。地球的气候和生态，归根结底都是海洋的气候和海洋的生态。所以，联合国就特别重视世界气候变化会议。根据《联合国气候变化框架公约》[①]精神，缔约方会议（Conferences of the Parties，COP）自1995年起每年12月召开一次，把气候问题当作了人类最大的公共性问题来对待。到1997年第三次联合国气候变化框架公约参加国会议在日本京都召开时制定的对《联合国气候变化框架公约》的补充条款即《京都议定书》[②]，把目标定在了"将大气中的温室气体含量稳定在一个适当的水平，进而防止剧烈的气候改变对人类造成伤害"上。当公约缔约方会议开到2009年哥本哈根会议时，出现了这样一个"遗憾"的结局："世界正面临着被发达国家领导的危机，这些国家的领导人并没有出于对世界亿万人民未来利益的考虑，达成一份具有历史意义的气候协议以避免气候恶化，而是出卖了世界人民的现在与未来的利益，逃避直面棘手问

①《联合国气候变化框架公约》(United Nations Framework Convention on Climate Change，简称《框架公约》，英文缩写 UNFCCC）是1992年5月9日联合国政府间谈判委员会就气候变化问题达成的公约，于1992年6月4日在巴西里约热内卢举行的联合国环发大会（地球首脑会议）上通过。《联合国气候变化框架公约》是世界上第一个为全面控制二氧化碳等温室气体排放，以应对全球气候变暖给人类经济和社会带来不利影响的国际公约，也是国际社会在对付全球气候变化问题上进行国际合作的一个基本框架。

② 1997年12月条约在日本京都通过，并于1998年3月16日至1999年3月15日间开放签字，共有84国签署，条约于2005年2月16日开始强制生效。到2009年2月，一共有183个国家通过了该条约。条约规定，它在"不少于55个参与国签署该条约并且温室气体排放量达到附件中规定国家在1990年总排放量的55%后的第90天"开始生效，这两个条件中，"55个国家"在2002年5月23日当冰岛通过后首先达到，2004年12月18日俄罗斯通过了该条约后达到了"55%"的条件，条约在90天后于2005年2月16日开始强制生效。美国人口仅占全球人口的3%至4%，而排放的二氧化碳却占全球排放量的25%以上，为全球温室气体排放量最大的国家。美国曾于1998年签署了《京都议定书》，但2001年3月，布什政府以"减少温室气体排放将会影响美国经济发展"和"发展中国家也应该承担减排和限排温室气体的义务"为借口，宣布拒绝批准《京都议定书》。

题。"① 这是从气候是人类公共性问题的角度给予的评价。到2015年第21届联合国气候变化大会在法国巴黎北郊的布尔歇展览中心举行，通过的《巴黎协定》指出，各方将加强对气候变化威胁的全球应对，把全球平均气温较工业化前水平升高控制在2摄氏度之内，并为把升温控制在1.5摄氏度之内而努力。但就是对这个充满美好愿望的《巴黎协定》，美国的特朗普政府竟然毅然决然地退出了。② 其实，气候变化甚至恶化问题的根子在海洋。海洋的生态问题没有得到解决，气候问题就难以得到根本性的解决。

二、对海洋资源进行科学利用的方式

（一）直观形态

这既是没有加工过的，又是难以加工的海洋经济具体形式。可以直观到的海洋经济形式不仅都是显而易见的，而且还都是传统的。这些形式和形态虽然让人一看便知就是海洋经济的，又都是不易创新的。它们虽然都是海洋经济的核心部分，但只是海洋经济里很小的一部分，而且已经固化。

1. 水经济。

从物质形态看，海洋经济给人的第一个形象就是"海水经济"。在

---

① 这是绿色和平组织国际总干事库米·奈都（Kumi Naidoo）对哥本哈根气候变化会议的警告式评价。

② 据凤凰网报道，北京时间2017年6月2日凌晨3点30分左右，特朗普在白宫玫瑰园宣布美国退出这一全球性的气候协议。他同时表示，巴黎气候协议以美国就业为代价，不能支持那种会惩罚美国的协议。美国将开始协商新的条款，可能重新加入《巴黎协定》，甚至缔结新的气候协定，但条件是，必须"对美国公平"。

中国传统文化中，水既在最低处又在往低处流，所以，"海水经济"既是一种终结经济，又是一种起始经济，其实就是一种转换经济。"海水经济"有广义和狭义之分。广义的海水经济可以涵盖几乎所有的海洋经济。此处所说的"海水经济"是一个狭义概念，是一个直接有形状态。

从表面积的比例看，海水经济应该占全球经济的71%。没有到这个比例，只能说海水经济的潜力还没有挖掘好。一是海水淡化经济作用力巨大。由于世界上70%以上的人口都居住在离海洋120公里以内的区域，未来对海水淡化技术的需求会越来越大。早在400多年前，英国王室就曾悬赏征求经济合算的海水淡化方法。到16世纪，人们才开始用船上的火炉煮沸海水以制造淡水。现代意义上的海水淡化则是在第二次世界大战以后才发展起来的。从20世纪50年代以后，蒸馏法、电渗析法、反渗透法都达到了工业规模化生产的水平。但在21世纪以前，反渗透膜技术都是被国外垄断。到2003年，世界上已建成和已签约建设的海水和苦咸水淡化厂的生产能力已达日产淡水3600万吨的水平。海水淡化已遍及全世界125个国家和地区，淡化水大约养活世界5%的人口。但同时也要看到，海水淡化对海水生态破坏的厉害程度。因为海水淡化需要高温，所以，海水淡化后排除的高温水不仅破坏了海水的海洋生物生态，也破坏了海水里的很多甚至全部微量元素。二是海水的溶解力作用巨大。但海水的溶解力现在已经有所下降。三是海水的流动力作用巨大。这主要体现在潮汐力、海流力、洋流力和海啸力上。顺着海水的这四种力，人不仅可以到地球的任何海域，还可以借力改变世界。四是海水的生命力巨大。海洋本身就是生命的孕育者。

2. 鱼经济。

这其实是一种俗称，学术上应该称为海洋生物经济。它是"渔业经济"作用的对象。渔业主要是指取鱼的方式，一般指捞、抓、捕、钓四种方式。过去的渔业基本是杀鸡取卵式的，它使近海渔业资源和渔业生态遭到严重破坏。[①]

鱼可以为人类提供：一是蛋白质。鱼成为人体蛋白质主要来源有其独特的自然环境条件。舟山的鱼之所以好吃，与舟山鱼里的蛋白质质量密切相关，而鱼的蛋白质质量又主要与鱼生活的海域海水特点有关。舟山海域由四组八种水——冷热水、咸淡水、上下水、清浑水混合而成的海水是世界上独一无二的。二是DHA[②]。人类有现在的聪明才智与人类曾经经历过一个吃鱼的时代有关。吃鱼让人的智力结构发生巨变，丰富了脑细胞，激活了脑神经。有研究显示，人类在40000—15000年前之间有过一个持续了25000年左右的"东海平原文明"时代[③]。当时的东

---

① 俞存根.舟山渔场渔业生态学［M］.北京：科学出版社，2011.

② DHA，俗称脑黄金，是一种不饱和脂肪酸。英国脑营养研究所克罗夫特教授和日本著名营养学家奥由占美教授是最早揭示了DHA的奥秘的专家。他们的研究结果表明：DHA是人的大脑发育、成长的重要组成物质之一。在人身上，在眼睛视网膜中DHA占比例最大，约占50%；其次在大脑皮层中，含量高达20%。因此，它对胎儿、婴儿智力和视力发育至关重要。

③ 2001年以来，时任舟山博物馆馆长的胡连荣持续关注舟山海域出水的古动物化石及其他物证。不久，他在该海域就发现了有人工痕迹的木棒化石。2004年4月2日，中科院考古专家确定，出水的木棒化石及十余件骨器为旧石器时代的器物。国家文物局专家组成员、中国古脊椎动物与古人类研究所原所长张森水这样评价舟山木棒的发现，认为这不仅使中国成为拥有旧石器时代木质工具的第三个国家，最令人欣喜的是在若干碎骨上观察到人工痕迹，这在对海底化石研究中还是第一次，特别重要的是发现那件木棒，对其上千人工痕迹观察结合模拟研究，其性质基本上可以肯定成为舟山在距今4万年前有古人活动的可靠的物证，也是中国境内收藏被记录的旧石器时代的木质工具。参考：舟山有4万年前古人类用的砍砸石器，还不赶紧来看看_舟山新区网（http://zsxq.zjol.com.cn/system/2015/09/23/020846713.shtml）

海还是一个没有海水的平原。在那个平原上，河流纵横、气候温湿①。同时，鱼类众多，又随时可捞可吃。这种营养补给给人类创新一种生活方式提供了智力基础。人类也在那个时候创造了一个灿烂的"木器时代"②。三是"深海鱼油"。中国人到美国和澳洲去能带回的最经济实惠的礼物就是深海鱼油。深海鱼油富含Omega3，Omega3属于不饱和脂肪酸，它对养护血管、降三高、保护心脑健康、提高免疫力都有益处。这就是最大的经济。同时，它又在启示我们，海洋里还有很多宝贝是人类至今尚未认识和利用的。如果研发和开发好了，将有助于人类的健康持续和智力发展。四是新微生物。有研究表明，海底的火山口喷发的时候与海水交界的地方是海洋微生物最丰富的地方。很多新的海洋微生物物种都是在那里产生的。

---

① 王晓东在2011年10月26日《舟山晚报》上发表文章《2万年前舟山以东是平原》：昨天上午，舟山博物馆特约研究员、原市档案局局长凌金祚说："远古时代，舟山与大陆相连，其东部是一片辽阔平原，称东海平原，与北部渤海平原、黄海平原，合称为'三海平原'。这是中国古地理学、气象学、海洋地质学、民俗学研究所得出的结论。"据凌金祚介绍，浙江大学教授、古地理学家陈桥驿在1989年曾给定海志办的复函中称：距今2.5万年前，发生过大规模的海退，中国东部海岸曾后退600千米，东海中的最后一道贝壳堤位于大陆架前缘，今海面-155米，C14测定为1478±700。此时，舟山以东，尚有大片海滨平原。一些海洋学家在对当时东海平原的范围进行研究后认为：长江口外的东海平原最远点延伸到东经128°以外，距今长江口近700千米。2003年秋天，舟山博物馆副研究员胡连荣把在册子岛海域打捞古动物化石的过程制作成VCD交给陈桥驿，陈教授看后非常高兴，认为这是非常珍贵的"沧海桑田"的实物见证。就在当年，中国著名的海洋地质学家、同济大学海洋地质与地球物理系教授、中科院院士汪品先把绘就的一张第四纪冰川时期的东海地形图交给胡连荣。从这张图上可以看到，远古时期包括舟山在内的滨海平原是广袤的陆地。
② 以舟山博物馆的"舟山木棒"为证。类似的木棒在非洲的考古中也有发现：生活在边界洞的远古人早在大约44000年前就开始使用木棍和多孔石制成的挖掘工具(美国《考古学》杂志在2013年第1期评出2012年世界十大考古发现之一是在南非夸祖鲁—那塔尔地区莱邦博山山麓的边界洞考古发现)。那个木器时代还创造了类似"机械"的丰富的生产工具，只是这些木制工具后来没有保存下来而已。

3. 运经济。

最直观的运经济就是海上运输经济。它开始是水运经济，后来是风运经济，现代是机运经济。它不是船经济，而是船的运动经济。它的发展与船密切相关：船越大，装的东西越多，成本就会越低，经济效益就会越好。要充分认识海运经济对人的思维的影响。随着海运的发展，人的风险意识也在增加。风险越大，利润越大。反之亦然。随之，海上金融业务也应运而生了。况且，运经济本身也是不断发展的。从所载的内容看，运经济已经从"运人"经济到了"运货"经济再到"运大货"① 经济再到"海上旅游"经济的状态。从范围看，运经济已经从"海运"经济到了"洋运"经济再到"跨洋"经济再到全球无障碍运输经济的状态。应该看到，海上的运输经济是人类最早的交通经济，这种经济不仅会继续发展下去，而且其作用还会越来越巨大，其方式也会越来越生态。只是这种经济在最近半个世纪当中距离人们的生活越来越远。但随着对地球生态的重视，随着"慢生活"的逐渐推行和流行，随着海上体验式旅游的逐渐兴起，随着海上资源的逐渐研发和开发，这种运经济将再次回到人类身边，从而成为人类在 21 世纪及其之后运行中主要的经济发展形式之一。

4. 风经济。

虽然风对人们来说是最常见的，很少有人把风经济与海洋经济联系在一起。风是一种自然力，随时随地都有。但只有在"风经济"的概念中，风才能成为一种社会力或者经济力。风是由空气流动引起的一种自然现象，它是由地表温度的升高和降低引起的，是与太阳的辐射热有关

---

① 这就是所谓的运输"大宗商品"经济。"大宗商品"一般是特指能源、木材和粮食等体格大、单位分量重的资源商品，关系国计民生的。其实，最大和最多的大宗商品是在海底。把它们运出来到海面上来为人类所用，难度很大。

的。陆地和海洋对同样的太阳辐射热的反应是不同的。海洋对太阳辐射热的反应要相对温和稳定缓慢一些。陆地对太阳辐射热的反应就要相对强烈激烈猛烈一些。这也是有水的星球跟无水的星球在风上的不同。其实，风经济早已渗透在生活中了，如风铃的预测功能、风车的生产功能。但作为海洋经济的一种形态风经济，其核心还是为了用自然的能量去节省人力和物力。其能力和能量之大是至今的人类之力无法企及的。从理论上讲，依据海上的水流，人类几乎可以漂流到任何地方。如果再配上风帆和舵，就可以连续和快速地把世界联系起来了。信风与季风是海洋上的两大风类。信风即"贸易风"（trade wind），是在赤道两边的低层大气中穿行的。之所以又被称为"贸易风"，与它的稳定性密切相关。它在北半球吹东北风，在南半球吹东南风，且方向很少改变，年年如此，很讲信用，也是走海上之路开展贸易必须借助的风力，所以才被称为"贸易风"或者"信风"。走信风之路也是最经济之路。而季风是由海陆分布的。亚洲地区是世界上最著名的季风区，有两支主要的季风环流：冬季盛行东北季风，夏季盛行西南季风。一般是，11月至翌年3月为冬季风时期，6—9月为夏季风时期，4—5月和10月为夏、冬季风转换的过渡时期。这决定了中国台湾人进出台湾时的时间限定。乘季风进出台湾是最经济的，逆季风进出是最不经济的。

5. 汽经济。

这是与海洋水蒸气有关的经济形态。地球上的天气主要是由海洋水蒸气调控的。雨是维系地球上陆地动物和植物生命淡水的主要来源。雨是太阳照射海面形成的水蒸气遇冷后的一个结果。所以，"汽经济"就是"雨经济"。现在，人类对"雨经济"还是"靠天吃饭"的。但趋势是，人类一定要掌握"雨经济"。它不仅是一个利用雨的经济，还是一个储存雨、控制雨和制造雨的经济，更是一种享受雨的经济。

6. 岛经济。

人们之前基本上是只有"陆经济"而几乎没有"岛经济"概念的。"岛经济"既是"陆地经济"换一个视角的概念，又是"海洋经济"不可或缺的支点概念。从海洋角度或者全球角度看陆地，大陆或者大洲就是大岛。此处的"岛经济"主要是指大陆性大岛周围的小岛及其"岛链经济"。从北太平洋上巨大的复杂的"垃圾岛"看出，现在"岛经济"最大的作用在于对海洋生态的保护。这也决定了对海洋生态的利用和保护既要以海岛为支撑点，又要以海洋生态为机理线。所以，一定要从经济的角度来看岛链的构建。岛链经济主要是一种海洋保护经济。岛链是人类保护海洋的屏障。容易造成海洋生态污染的化学品一旦进入海洋中心海域就会难以逆转。

生态保护又分为基础保护、重点保护和主要保护。这就需要把地球上所有的海岛按照"生态类""遗迹类""权益类"进行分类保护。远离大陆的海岛上，还可以看到海洋变化的痕迹和人类活动的痕迹。这些痕迹正在受到海洋开发和海岛开发的破坏。稍有不慎，痕迹一旦被抹去而消失，就会难以恢复而使我们终身遗憾。

7. 浴经济。

"浴经济"的形式：一是日光浴。这是一种利用日光进行锻炼或防治慢性病的方法。20世纪20年代，可可·香奈儿（Coco Chanel）在乘坐游艇旅行时，偶然晒出一身古铜色的皮肤，随即在时尚界引起了一股日光浴的潮流，这是现代日光浴流行的起源。二是海水浴。海水澡是一种有益身心健康的健身活动，也是休闲和体育运动的好方式。海水澡对人们的健康好处很多，因为海滨空气新鲜，负离子多、阳光充足，海水中含有大量钾、钠、硫、镁等成分，既具有杀菌作用，又能治疗皮肤病，起伏的海水对身体起到按摩作用，能提高呼吸、心血管、神经系统和肌肉功能。海滨大气透明度高，紫外线辐射强，能杀死更多的细菌，还能使人体内维生素D增加，有助于人体的新陈代谢和血液循环。在海水中运动，能使人体在海水的能量和压力作用下吸入更多的氧气，促进红、白细胞和蛋白质的增生。含有盐分的海水刺激皮肤，还能治疗某些皮肤病和增加皮肤的光泽与弹性。三是风浴。风浴即空气浴。[①] 是指让身体暴露在新鲜空气中，利用海洋上空气的温度、湿度、气流、气压、散射的日光和阴离子等物理因素对人体进行作用，从而来提高机体对外界环境适应能力的一种健身锻炼法。空气浴既可按空气温度分类，20℃~30℃为热空气浴，15℃~20℃为凉空气浴，4℃~15℃为冷空气浴；也可按不动型和运动型分类。不动型空气浴一般是在海岛上进行，运动型空气浴一般是在船上进行。四是泥浴。又称泥疗。通常是把身体浸泡在富有多种矿物质、含有名贵中草药的泥浆中，或是把它们匀称地敷在身上，有松弛肌肉、滋润肌肤、促进新陈代谢、调节植物神经系统等功能。这是一种自然、新颖、奇特、好玩的保健方法，特别是对治疗脚气有特别的疗效。五是沙浴经济。沙浴既是现代的，又是古代的。在中国古代，很早就是皇室贵族调理身体的一种良方。它主要是通过沙子的温热刺激与沙子重量对人体表皮压力的机械作用来实现对身体的调节。沙浴疗法具有促进血液循环、加快新陈代谢、增进皮肤健康等多种功效。其中，海洋沙浴更是妙不可言。

8. 景经济。

也就是海上旅游。一是观光。通过观看潮起潮落、云卷云舒、日出

---

① 刘华. 风浴——一种最新的锻炼方法 [J]. 体育博览, 1985(9).

日落、雨落雨止来体会人生和世道的变化无常。它们都可以创造和产生巨大的经济效益和效应。二是海景房。这是房地产经济中以海景作为卖点的经济方式。从表面看，它属于房产经济。其实，其中有海洋经济的成分，甚至占的比重还很大。因为能够看到海，而使房产的价格有较高的提升空间。这个提升的空间就是海洋经济的价值空间。中国大连、青岛、三亚是海景房经济最发达的地方。

9. "路"经济。

"21世纪海上丝绸之路"是崭新的，是承载和担当时代的历史使命之路。这条水路最早开启于周朝。周天子把周朝皇室的丝织品作为厚礼送给隔海相望的"夷国"[1] 国君和作为贵品交换给夷国国民。这就是海上丝绸之路的初始状态。之后又经过了秦始皇时代的徐福、孙权时代的卫温和诸葛直、唐玄宗时代的鉴真[2]、元成宗时代的一宁和明成祖时代的郑和等英雄人物的开创，"海上丝绸之路"进入了一个丰富的"近洋之路"时代。这是一个从海上之路走上大洋之路的过渡阶段。其中，徐福、鉴真和一宁走的是"东洋之路"，卫温、诸葛直走的是南洋之路，郑和走的是西洋之路。这条路更是一条崭新之路。"一路"是现代"海上丝绸之路"。它有路域要新、理念要新、目标要新等基本特征。其中，"路域新"是指要走出新路域出来，如太平洋之路和北冰洋之路；"理念新"是指在走时要奉行开放和共享的理念；"目标新"是指要为构建一个人类命运共同体而努力。这三者结合在一起，就会形成人类发展上的最

---

[1] 最早的夷国在现在的山东即墨一带。但这是特指。一般所说的"夷国"都是泛指。泛指远古时隔海相望的东方华夏族，包括生活在朝鲜半岛上的人、在日本的人、在琉球岛上的人和在台湾岛上的人在内，如东汉末年三国时期孙权大将卫温、诸葛直率万人去台湾就被称为"浮海夷洲"。

[2] 鉴真生于公元688年，圆寂于公元763年，几乎与唐玄宗李隆基是同时代人。唐玄宗生于公元685年，卒于公元762年。

大和最实惠的经济载体和平台。

10. 矿经济。

现实是，陆地上的能源矿经济已经走到枯竭的边缘。但陆地矿资源只占地球矿资源总量的29%。何况地球的生态承受力已经不允许人类再大幅度地开发和使用陆地矿资源了。这使得人类把能源的目光瞄准了海洋里占地球矿资源总量71%的矿资源。在已经走过煤炭固态经济、石油液态经济、天然气气态经济后，人类的矿藏经济即将进入一个海洋矿藏经济的状态。一是海底分层矿经济。一般是把海底表层分为三层的：浅海区、大陆架区、深海区。其中，在浅海区，有各种金属砂矿和非金属材料；在陆架区，有海绿石、磷灰石等矿产和建筑材料；在深海区，有铁锰结核和多金属泥。从形态看，海洋矿又有海水中的"液体矿床"①和海底富集的固体矿床②两大类。虽然根据现在的科学技术已知，在地球上已发现的百余种元素中，有80余种在海洋中存在，其中可提取的有60余种。更何况，还有很多的海洋矿资源还不被人类知道和认识。现在可开采的也只有在浅海区中的数十种矿产。它们占整个海洋矿资源总量的九牛一毛还不到。二是可燃冰经济。这种经济形式虽然陆地上也

---

① 人类应该对海水重新认识。之前我们几乎没有从矿的角度审视过海水。其实，海水本身就是巨大的矿库。其中，最普通的是盐，即氯化钠，是人类最早从海水中提出的矿物质之一。另外还有一种镁盐，它们是造成海水又咸又苦的主要原因。除了这两种外，还有钾、碘、溴等几十种稀有元素及硼、铷、钡等，它们一般在陆地上比较少，而且分布较分散，但又极具价值，对人类用处很大。据估计，在全球海水中还有黄金550万吨、银5500万吨、钡27亿吨、铀40亿吨、锌70亿吨、钼137亿吨、锂2470亿吨、钙560万亿吨、镁1767万亿吨，等等。这些东西，大都是国防工农业生产及生活的必需品。

② 在那深海底处，多金属结核锰结核就是其中最有经济价值的一种。它是1872—1876年英国一艘名为"挑战号"考察船在北大西洋的深海底处首次发现的。据估计，整个大洋底锰结核的蕴藏量约3万亿吨。还有许多含有丰富的金属元素和浮游生物残骸沉积物软泥，如在覆盖一亿多平方公里的海底红黏土中，就富含铀、铁、锰、锌、钴、银、金等具有较大经济价值的矿物质。

有，但海洋上的可燃冰经济储量更大、密度更高、更清洁、更高效。开采海底可燃冰，一是有利于保障国家能源资源安全，二是有利于优化能源生产和消费格局，三是有利于放开天然气水合物矿业权市场，四是有利于促进天然气水合物勘查开采科技创新，五是有利于带动相关产业发展。[①]

（二）非直观形态

1. 意识经济。

在 21 世纪，谁率先拥有了海洋意识，谁就将在全球海洋经济的发展上占据先机；谁就会在接下来的全球发展中占据先机。那么，什么才是典型的海洋意识呢？不仅对物理海洋要有感觉，最主要的是对文化海洋要有感觉，特别是对"海洋"的特别理解——海洋不仅是地球物力之源，也是地球生命之源，更是人类生存的食物之源。

2. 艺术经济。

这是把"海洋"看作是可以带给人们艺术享受的自然景观。中国民间的龙王和龙宫的故事，给人无限的想象空间。电视剧《大西洋来人》把海洋与外星人联系在了一起。诺贝尔文学奖获奖作品《老人与海》把海洋文学推向了全世界。具体有如下形式：一是技术经济。这是对科学的应用经济。海洋技术都是对海洋科学的一种转化。而海洋技术艺术是对海洋技术再提升、再技巧和再精致。现在的海洋技术还有很大的发展空间。二是美术经济。气势磅礴的海洋画、惟妙惟肖的渔民画、美轮美奂的贝雕和造型各异的沙雕等海洋艺术，展现了未来发展宏大和深远的

---

① 国土部：可燃冰正式成为中国第 173 个矿种 _ 经济参考网（http://jjckb.xin-huanet.com/2017-11/16/c_136756435.htm）

广阔空间。

3. 学科经济。

"海洋学学科门类"一开始就是一个跨学科、交叉学科和综合学科的概念。海洋与人类社会发展的整体关切性和持续互动性构成了这个门类的综合性。这个门类又是在现有学科知识、思维和成果的基础上，集中各种学科优势对海洋展开的综合性应用研究的结果。为此，可以设计为 7 个一级学科。一是海洋力学。它是把数学、物理学和力学等基础学科知识运用和应用于海洋研究所形成的，分为海洋数学、海洋物理和海洋力学 3 个二级学科。二是海洋生物学。它是把生物学基础运用和应用于海洋研究所形成的，分为海洋生物、海洋化学、海洋食品、海洋药物和海洋环境 5 个二级学科。三是海洋工学。它是把海洋工程力学学科基础运用和应用于海洋所形成的，分为海洋地质、海洋工程、海洋船舶和海洋港口 4 个二级学科。四是海洋人文学。它是用人文学科的视角和方法来研究海洋所形成的，分为海洋文学、海洋教育、海洋文化和海洋历史 4 个二级学科。五是海洋社会学。它是利用社会科学的思路和方法对海洋进行研究所形成的，分为海洋经济、海洋政治和海洋法律 3 个二级学科。六是海洋公共管理。它是把"海洋"当作一个公共领域并用管理的视角、思路和方法展开对海洋的管理所形成的，分为法律管理、政治管理、经济管理、秩序管理和冲突管理 5 个二级学科。七是海洋战略学。它是从战略的高度、长度和深度出发，对国家长远发展的思考，对海洋、海岸和海空的思考。它分为国家海洋战略和海洋军事战略 2 个二级学科。唯有如此，21 世纪的中国海洋战略方可翘首以期，中国在 21 世纪的发展方可顺理成章，中国在世界和国际舞台上的地位方可稳步提升。

第二篇

新时代中国特色社会主义
"经略海洋"经济

一、思想论述

这既是十八大以来以习近平同志为核心的党中央新思想、新理念、新战略的一个有机组成部分，又是习近平治国理政思想的一个必不可少部分。它主要蕴含在习近平关于海洋的系列重要讲话中。这样大量地、又有步骤地论述和实践"进一步关心海洋、认识海洋、经略海洋"①的布局，在中国共产党和中华民族的历史上都是罕见的。海洋思想已经成为习近平新时代中国特色社会主义思想的一个特别引人注目的部分。习近平新时代中国特色社会主义海洋论述是中国海洋事业和海洋经济发展的理念和方向。习近平新时代中国特色社会主义海洋论述里面体现了习近平的治国理政新思维和治球理海的国际思维、世界思考和生态思想，其中还蕴含着他深邃的"人类命运共同体"的思想和实践。习近平有完整的、系统的海洋思想。这是中国共产党的一个最具开创性、创新性、崭新性和时代性的思想，这是一个关乎"人类命运共同体"是什么和怎么建的思想。它既综合又集中反映和体现了习近平新时代中国特色社会主义思想的思维特性和观点特点，又具有现在的时代特性、国际效果和世界效应。但同时还应该看到，习近平新时代中国特色社会主义海洋思想已超越了"战略思想"，进入"经略"和"方略"的层面。"方略"还是偏于宏观，但"经略"已是微观。习近平新时代中国特色社会主义海洋

---

① 这是2013年7月30日在中央政治局集体学习"海洋强国"会议上习近平讲话的重点内容。

思想既有一个从"海洋强国"到"战略定力"到"经略海洋",再到"综合海洋"到"合作海洋",再到"平和海洋"到"命运共同体"海洋到中国"强起来"海洋的发展过程;又有一个从"山海协作经济"到"陆海统筹经济"到"一带一路"经济,再到"海洋经济"到"太平洋经济"到"海洋新区经济",再到"一带一路"中的"一路"经济到"自由贸易试验区"经济到"人类命运共同体"经济的发展历程。

(一) 强国思想:中国需要自己强大的状态和使自己强大之路

这是对"海洋强国"概念和理念进一步理解的一个结论。自十八大报告提出"提高海洋资源开发能力,发展海洋经济,保护海洋生态环境,坚决维护国家海洋权益,建设海洋强国"以来,"海洋强国"的概念就格外引人注目,对"海洋强国"的理解也丰富多彩。习近平新时代中国特色社会主义海洋思想的核心是为了实现中华复兴的"中国梦"。这是中国的强国之梦,这里的"强"是一个动词的"强",要"以海强国"。这是习近平2013年7月30日在第十八届中共中央政治局集体学习时讲话的主要内容。其中,"海洋"本身就是一个"强国之路"。还有一个"强"是形容词的"强",即"海洋强的国家"。这是美国人马汉在19世纪末和20世纪初的基本观点。中国虽然从贫穷、软弱和落后的基础上"站起来了"和"富起来了",但到现在还不能算一个强国。强国不仅是一个富国,还是一个作用力和影响力都很大的国家。根据近代"强国"强起来的历史看,海洋之路是强大之路,如西班牙、葡萄牙、荷兰、英国、法国、美国、日本无不是走上了海洋之路之后的结果。以习近平同志为核心的党中央审时度势地、及时地意识到了"海洋时代"已经扑面而来并准确地提出了这个能使中国"强起来"的路径选择。

但要看到，习近平新时代中国特色社会主义海洋思想的形成和发展有一个历史过程。在福建和浙江时的习近平海洋思想还主要是为了解决地方经济发展的问题。现在的习近平海洋思想是为了解决国家的再发展进而使其强大的问题。其中，"强起来"是对"富起来"的提升和发展。这是一种质的新发展，是一种在发展方式上转型升级的发展。这首先是一个意识上的超越和飞越。其中，"富起来"有"富"的问题，而"强起来"有"强"的问题。把"强起来"从"富起来"分出来和独立出来，是习近平"强国思想"的特点和关键。人们一般想的还只是一个"富起来"的问题，所以也在用一个"富起来"的标准来衡量国家是否强大。十八大报告已经明确了"海洋强国"的四大标准：一是提高海洋资源开发能力，二是发展海洋经济，三是保护海洋生态环境，四是坚决维护国家海洋权益。到2013年7月30日在第十八届中央政治局第八次集体学习时，习近平在十八大"海洋强国"四大标准的基础上又增加了新的要求，那就是一个"要发展海洋科学技术"的标准。这是对十八大报告的一个发展。这样的强国措施对实现中华民族伟大复兴具有重大而深远的意义。

应该看到，"海洋强国"是十九大报告中提出的一个很具有系统性的"强国方案"中的一个具有时代特点和意义的子方案。这是一个全面建设社会主义现代化强国的整体方案。习近平在2013年7月30日下午的中共中央政治局就建设海洋强国研究进行第八次集体学习主持学习时强调，建设海洋强国是中国特色社会主义事业的重要组成部分。党的十八大做出了建设海洋强国的重大部署。所以，它支撑着全面建设社会主义现代化强国目标的实现。它包括人才强国、制造强国、科技强国、质量强国、航天强国、网络强国、交通强国、海洋强国、贸易强国、文化强国、体育强国、教育强国十二个方面的内容。但在十八大报告中，

"强国方案"只有"人才强国""人力资源强国""文化强国"和"海洋强国"等四个方面的内容。从十八大到十九大,报告中虽然都有"海洋强国"——不仅位列其中,而且是其中一个重要的方向和方面,但十九大报告的"海洋强国"内容更加丰富,它是一个渗透到各个方面、各个领域去的概念和理念,甚至是意识和精神。因为,以习近平同志为核心的党中央早在2013年就已经充分认识到,"21世纪,人类进入了大规模开发、利用海洋的时期。海洋在国家经济发展格局和对外开放中的作用更加重要,在维护国家主权、安全、发展利益中的地位更加突出,在国家生态文明建设中的角色更加显著,在国际政治、经济、军事、科技竞争中的战略地位也明显上升"。还认识到,"中国既是陆地大国,也是海洋大国,拥有广泛的海洋战略利益。……这就为我们建设海洋强国打下了坚实基础。……我们要……坚持陆海统筹,坚持走依海富国、以海强国、人海和谐、合作共赢的发展道路,通过和平、发展、合作、共赢方式,扎实推进海洋强国建设"。[1]并且,十九大报告还指出了一条唯一建设"海洋强国"的思维和思路——"陆海统筹"的思维和思想。[2]这也是十九大报告唯一提到"海洋"时表达的著名论说。而"一带一路"是"陆海统筹"的具体方式、方法和措施。同时,在习近平的思想中,"强大国家"不是一个"霸权国家"。他一再强调:中国的发展不是一种"我赢你输的发展""中国无论发展到什么程度,都永远不称霸,永远不搞扩

---

① 习近平:进一步关心海洋认识海洋经略海洋_人民网(http://cpc.people.com.cn/n/2013/0731/c64094-22399483.html)

② 习近平在十九大报告中指出:"坚持陆海统筹,加快建设海洋强国。"这是十九大报告中唯一提到"海洋"时的著名论说。在十九大报告中,提"海"字总共提了13次。

张"①。

(二) 道路思想：坚持走依海富国、以海富国、人海和谐、合作共赢的发展道路

这也是习近平2013年"7·30"讲话的核心内容之一。他的"海洋强国"的核心概念、理念和理论是，"海洋"是"富国""强国"的"发展道路"。这对习惯于陆地思维的人们来说，具有醍醐灌顶的作用。在陆地思维中，海洋从来就不是一个资源概念。形成国家发展"海洋之路"概念的是，一定要把"海洋"作为资源。看到了什么结果？习近平在2013年的"7·30"讲话中指出，中国应该、一定、必须要有一条"坚持走依海富国、以海强国、人海和谐、合作共赢的发展道路"。其实，"一路"——"21世纪海上丝绸之路"虽然在国家发展"海洋之路"中占有很重要的地位和作用，但它绝对不是唯一的通过海洋来发展国家之路。海洋的国家发展之路其实是一个立体之路的状态。

具体地看，这条富民强国的海洋国家发展之路又有如下两大子路构成：

一是这是一条急需创新之路。特别需要用政策去鼓励创新。它不仅需要拓展新的航路和市场，还需要创新新的海洋科学和技术，更需要创

---

① 这个重要观点是习近平在2012年12月5日在北京人民大会堂同在华工作的来自16个国家的20位外国专家代表座谈（http://finance.people.com.cn/n/2012/1211/c353228-19859730.html）中，在2015年9月3日出席中国人民抗日战争暨世界反法西斯战争胜利70周年纪念大会发表重要讲话（http://politics.people.com.cn/n/2015/0903/c398090-27543269.html）中，在美国出席华盛顿州当地政府和美国友好团体联合举行的欢迎宴会并发表演讲（http://politics.people.com.cn/n/2015/0923/c1001-27624664.html）时，在2017年12月1日在人民大会堂出席中国共产党与世界政党高层对话会开幕式发表题为《携手建设更加美好的世界》的主旨讲话中（http://www.chinanews.com/gn/2017/12-01/8390617.shtml），都清晰表达过的。

新新的制度及其概念、理念和理论。在习近平的思维和思想中，国家发展的海洋之路主要需要两个创新：①要注重对"国际结伴新原则"的创新。虽然在 20 世纪就有"反结盟运动"，但国际上能够达成共识的"结伴新原则"还没有最终成形。从"结盟"到"结伴"依然需要创新理论和体制创新。在这方面，以习近平同志为核心的党中央正在用"一路"来完善和实施"结伴原则"。②还要特别注重对海洋科技创新。这也是习近平 2013 年"7·30"讲话对十八大报告的发展。在建设"海洋强国"的具体内容上，"7·30"讲话比十八大报告多了一个"要发展海洋科学技术"。习近平指出，"要依靠科技进步和创新，努力突破制约海洋经济发展和海洋生态保护的科技瓶颈"。要"……控制陆源污染物入海排放，建立海洋生态补偿和生态损害赔偿制度，开展海洋修复工程，推进海洋自然保护区建设"。习近平又指出，要"着力推动海洋科技向创新引领型转变"。要创新和"采取措施，全力遏制海洋生态环境不断恶化趋势，让中国海洋生态环境有一个明显改观，让人民群众吃上绿色、安全、放心的海产品，享受到碧海蓝天、洁净沙滩"。"要依靠科技进步和创新，努力突破制约海洋经济发展和海洋生态保护的科技瓶颈"。[①] 习近平的创新思想在 2018 年的两会期间又达到一个新的高度和力度："要全面推进体制机制创新……推动创新要素自由流动和聚集，使创新成为高质量发展的强大动能，以优质的制度供给、服务供给、要素供给和完备的市场体系，增强发展环境的吸引力和竞争力，提高绿色发展水平。"[②] 这虽然不是专门论述海洋经济发展的创新问题，但其中可以清晰地反映出

---

① 习近平在中共中央政治局第八次集体学习时（2013 年 7 月 30 日）强调，进一步关心海洋认识海洋经略海洋，推动海洋强国建设不断取得新成就。
② 这是中共中央总书记、国家主席、中央军委主席习近平 2018 年 3 月 7 日参加十三届全国人大一次会议广东代表团审议会议时讲话的内容。

习近平的创新思维，海洋经济的发展同样可以从中得到启发和启示。

二是这是一条主要的制度建设之路。要保障"海洋之路"的顺利推进，要落实习近平关于海洋科技创新的思想，也为了回避由此引发的矛盾和冲突，最有效和最经济的道路就是一条制度之路。这既是一条要用制度来回避和调节因发展引起的矛盾和冲突之路，又是一条维护发展秩序之路。那么，应该建什么样的海洋制度和怎么建海洋制度呢？习近平说，要在"维护联合国宪章宗旨和原则"的基础上，创新一个"多极化世界"的制度秩序，对一些海洋"分歧和争议"，"要始终坚持以和平方式，通过平等对话和友好协商妥善处理"。在这方面，习近平又特别强调"海洋权益"的问题。这已经不是一个简单的对现有制度的利用问题，而是还有一个要创新和重构可以使整个世界焕然一新、重发活力并可持续发展几十年甚至上百年的"新制度"。人类经济发展的"制度之路"已经走过"旧制度经济学"和"新制度经济学"两个阶段。在海洋经济的发展上，也经历了两个阶段：①以荷兰人格劳秀斯的"海洋自由论"为核心理念的阶段，②以1982年随《联合国海洋法公约》的通过所形成的"海洋公约论"为核心内容的阶段。但是，现在中国正在进入一个"海洋伙伴论"制度的建设阶段。

应该看到，"结伴"的核心在于"合作"，"伙伴"的前提是平等，制度的核心在于理念。从2013年10月3日在印度尼西亚国会上的演讲——《携手建设中国—东盟命运共同体》中可以看出，习近平对国家发展和人类发展的海洋之路制度的初步设想和设计。习近平的海洋制度设想和设计有这样几个要点。①人类已经积累了丰富的海洋发展之路的制度理念。习近平说："早在2000多年前的中国汉代，两国人民就克服大海的阻隔，打开了往来的大门。15世纪初，中国明代著名航海家郑和七次远洋航海,每次都到访印尼群岛,足迹遍及爪哇、苏门答腊、加里曼丹等地,留下了两国人民友好交往的历史佳话,许多都传诵至今。"②海洋之路让"天涯若比邻"。习近平说:"几百年来,遥远浩瀚的大海没有成为⋯⋯人民交往的阻碍,反而成为连接⋯⋯人民的友好纽带。满载着⋯⋯商品和旅客的船队往来其间,互通有无,传递情谊。中国古典名著《红楼梦》对来自爪哇的奇珍异宝有着形象描述,而印度尼西亚国家博物馆则陈列了大量中国古代瓷器,这是⋯⋯人民友好交往的生动例证,是对'海内存知己,天涯若比邻'的真实诠释。"③海洋之路需要合作精神、理念和机理。习近平说:"东南亚地区自古以来就是'海上丝绸之路'的重要枢纽,中国愿同东盟国家加强海上合作,使用好中国政府设立的中国—东盟海上合作基金,发展好海洋合作伙伴关系,共同建设21世纪'海上丝绸之路'。""中国将坚定不移走和平发展道路,坚定不移奉行独立自主的和平外交政策,坚定不移奉行互利共赢的开放战略。"④海洋之路需要具有公共性。习近平说:"中国愿通过扩大同东盟国家各领域务实合作,互通有无、优势互补,同东盟国家共享机遇、共迎挑战,实现共同发展、共同繁荣。""一个更加紧密的中国—东盟命运共同体,符合求和平、谋发展、促合作、图共赢的时代潮流,符合亚洲和世界各国人民共同利益,具有广阔发展空间和巨大发展潜力。"⑤海洋之路需要"坚持开放包容"。习近平说,海洋发展之路应该是"海纳百川,有容乃大"。因为"中国的发展离不开世界,世界的发展也需要中国"。⑥海洋之路是一条"愿望之路"和"倡议之路"。习近平说:"中国的发展,是世界和平力量的壮大,是传递友谊的正能量,为亚洲和世界带来的是发展机遇而不是威胁。中国愿继续同东盟、同亚洲、同世界分享经济社会发展的机遇。"这些虽然还没有形成完整和规范的制度，但它们是国家和人类海洋发展制度的核心和话语体系。

（三）方式思想：强国更需要一种充满和谐、合作、共赢的发展方式

这既是习近平2013年"7·30"讲话的重要内容，又不只是习近平2013年"7·30"讲话的主要内容。他一直都在主张通过一种和平、发展、合作、共赢的方式，来扎实地推进海洋强国建设。在2013年1月28日的十八届中共中央政治局关于就坚定不移地走和平发展道路进行第三次集体学习会上，习近平强调，"走和平发展道路，是我们党根据时代发展潮流和中国根本利益做出的战略抉择"。并且认为，"加强战略思维，增强战略定力，更好统筹国内国际两个大局，坚持开放的发展、合作的发展、共赢的发展，通过争取和平国际环境发展自己，又以自身发展维护和促进世界和平，不断提高中国综合国力，不断让广大人民群众享受到和平发展带来的利益，不断夯实走和平发展道路的物质基础和社会基础"。这是以习近平同志为核心的党中央看到的"世界潮流，浩浩荡荡，顺之则昌，逆之则亡"的大趋势，"纵观世界历史，依靠武力对外侵略扩张最终都是要失败的"的"历史规律"后所做出的战略选择。因为"世界繁荣稳定是中国的机遇，中国发展也是世界的机遇。和平发展道路能不能走得通，很大程度上要看我们能不能把世界的机遇转变为中国的机遇"。所以，一定要设法"把中国的机遇转变为世界的机遇，在中国与世界各国良性互动、互利共赢中开拓前进"。[1] 由此决定了中国所走的"海洋方式"具有如下明显的特点：

---

[1] 习近平在中共中央政治局第三次集体学习时强调_凤凰网（http://news.ifeng.com/gundong/detail_2013_01/30/21760018_0.shtml）

1."公共"的方式。

虽然习近平至今并没有一个把"公共"与"海洋"结合起来的整体表达，但几乎他所有的关于海洋的表达都渗透一种公共思维和公共思想，如"海洋权益"就是一个把"海洋"纳入"新公共"视角和视域进行审视、思考所形成的一个概念。特别是从习近平对海洋生态重视的程度上就可以清晰看出，他对海洋公共性的认识程度和高度。这既趋同国际的先进潮流——1982年的《联合国海洋法公约》中就出现了与"public"（公共性）有关的单词30次，又符合和吻合社会主义的基本特性和特点——社会主义就是一个最讲公共性的社会形态。所以，从倡议到构建"人类命运共同体"中可以看出，习近平的"海洋方式"实际上就是一种"新公共方式"。其中蕴含的不仅是一种开放的方式，还是一种对开放、包容、共享、和平等理念的追求方式。有两个行为反映了这种公共的方式。其一，中国在南沙岛礁上不仅建设了必要的防御设施，更多的建设是民用设施。这是向国际社会提供的公共产品。其二，提出的"一带一路"倡议，顺应了亚欧大陆要发展、要合作的普遍呼声，标志着中国从一个国际体系的参与者快速转向公共产品的提供者。[①] 这既是一条政府之间的沟通之路，又是一条公共之间的交往之路。它既需要政府提倡、规划和推动，也需要民间关注、投资和投入。尤其对中国来说，更需要它的"公共性外交"来打开目前海洋外交的新局面，以突破由甚嚣尘上的"中国发展威胁论"构成的"围追堵截"中国发展的状态和态势。其中，一定要注意对中文"海洋权益"英语单词的选择问题和其在海洋事业中的地位问题。习近平的海洋思想基本是一个重视"权益"的思想。

---

① 外交部部长王毅就"中国的外交政策和对外关系"答记者问 _ 中国网（http://www.china.com.cn/lianghui/zhibo/2018-03/08/content_37956010.htm）

在海洋问题上，习近平一再强调要"坚决维护国家海洋权益"。以习近平同志为核心的党中央治国理政的整体思维中虽然都十分重视"权利"和"权益"的问题，但应该是一个相对比较更加重视"权益"的思维。在习近平的讲话中，几乎还没有把"权利"与"海洋"结合起来的表达，有的几乎都是"海洋"与"权益"的表达。在中文语义中，"利"基本是以"私利"为核心，而"益"基本是以"公益"为主的。这涉及对"海洋权益"怎么译法的问题。现在一般是把"海洋权益"翻译为"Maritime Interests"。其实，仔细追究"Interests"，它是一个"利"而不是一个"益"的概念。在英文中，"益"应该是"Rights"。所以，"海洋权益"应该为"Maritime Rights"，而不是"Maritime Interests"。这种误译是导致国际社会对习近平海洋思想误解的一个重要原因。

2. "伙伴"的方式。

这是中国共产党的"伙伴"传统往海洋事业和海洋经济上发展的一个结果。中国共产党最早倡议和实施"伙伴"关系是在 1993 年。最早与中国建立"伙伴关系"的是巴西。这种"国际结伴"新状态和新原则将带来国际秩序的新变化和形成一种"国际新秩序状态"。什么是习近平"伙伴关系"思想？"关系"是一种方式，"伙伴"是一种平等和合作的状态。习近平通过"欧盟是中国第一大贸易伙伴，中国是欧盟第二大贸易伙伴"的表达方式来表明自己的"伙伴思想"。这是一种双向互动与和谐共赢的状态。在 2015 年 3 月 8 日记者招待会上，中国外长王毅明确表示，中国将进一步走出一条"结伴但不结盟"的新路。到 2018年 3 月 8 日，中国外长王毅依然表达了中国希望"建立形式多样的伙伴关系，倡导结伴而不结盟，对话而不对抗；价值取向是坚持正确义利观，在国际事务中主持公道、弘扬正义，在国家关系中义利兼顾、以义为先"①的国与国之间的关系。但在现实世界里,"结盟"还有很大的市场。各种"盟约国家"还在发挥越来越大的作用,如阿盟、东盟、非盟等。在当前世界中,"结盟"还是有很大作用力和影响力的。但"结伴"是对21世纪海洋时代崭新国际关系的构思和构建。其中,特别是中国和西方国家之间对"伙伴"的理解是既有共性又有个性。现在的关键在于,如何让"结伴理念""结伴关系"和"结伴方式"去冲击"结盟理念""结盟关系"和"结盟方式"?其中,制度设计固然至关重要,但是选择什么单词来翻译中文的"伙伴关系"也不可忽略。根据"伙伴关系"是一种比较注重和强调平等、合作和共赢的关系,对"伙伴"的翻译最好是"company"。与"partner"和"fellow"不同在于,"company"更加注重一种"公共性"的内涵。因为其词根"com"就是一个"公共"②的意思,所以才把"company"翻译成了"公司"。什么意思?就是一个伙伴共同操作的意思。这是现代企业与近代企业和传统企业不同之处。其中,没有公共性,就没有"伙伴"的效果性和效益性。海洋是最具有公共性的。不仅航路是公共的,海水是公共的,而且雨水和空气也都是公共的。海洋的公共性遍及地球上每一个人,但遍及每个人的方式和程度又是不同的。习近平从"荷兰是中国在欧洲重要的合作伙伴"出发形成了"欧洲伙伴"概念③。特别是在马尔代夫的《今晚报》和太阳在线网同时发表的著名文章中又明确提出了"发展的伙伴"的概念。习近平认为,"伙伴关系"是"双方互为最重要的两大市场"关系。在这样的基础

---

① 外交部部长王毅就"中国的外交政策和对外关系"答记者问_中国网(http://www.china.com.cn/lianghui/zhibo/2018-03/08/content_37956010.htm)
② 也可以把"com"理解为是"commune"和"common"的共同前缀词,它具有公社性和共同性。
③ 习近平.打开欧洲之门 携手共创繁荣.人民日报,2014-03-25(02).

上，往往会"合作潜力巨大，合作前景广阔"①。其中，伙伴关系是合作的前提，合作是伙伴关系的标志。而在海洋时代中更要建立一种新型的"海洋合作伙伴关系"②。为此，习近平又提出了一个"建立相互尊重、共同发展的战略伙伴关系"。这又是对"共同而有区别的责任"③（Common but Differentiated Responsibilities）的发展。

3. 经略的方式。

这是一种注重精致和经营的方式。习近平"经略海洋"的经济思想是对人们平时在说的"海洋战略"经济思想的提升和发展。习近平第一次提出"经略海洋"是在2013年7月30日十八届政治局第八次集体学习会上即著名的"7·30"讲话上。虽然在2013年1月28日十八届中央政治局第三次集体学习时习近平也从一个"战略"的角度审视过海洋工作，只是注重了一个"战略定力"的概念，也明确地指出，"中国……拥有广泛的海洋战略利益"④，但一直都没有表达过一个完整的"海洋战略"的概念。习近平在2013年的"1·28"讲话中指出：要把"提高海洋资源开发能力"放在战略层面给予考虑。"要维护国家海洋权益，着力推动海洋维权向统筹兼顾型转变。""要统筹维稳和维权两个大局，坚持维护国家主权、安全、发展利益相统一，维护海洋权益和提升综合国力相匹配"。为此，要"走"出一条"依海富国、以海强国、人海和谐、合作共赢"的发展之路来。但要把这个"经略"方式做深、做细、做精和做透还必须依靠海洋科学技术。习近平从2013年"7·30"讲话起，就十分重视海洋科学技术。他主张，为了"让海洋经济成为新的增

① 习近平. 打开欧洲之门 携手共创繁荣. 人民日报，2014-03-25（02）.
② 习近平. 中国愿同东盟国家共建21世纪"海上丝绸之路"_新华网（http://www.xinhuanet.com/world/2013-10/03/c_125482056.htm）
③ 这是1992年联合国环境与发展大会所确定的国际环境合作原则。
④ 习近平在中央政治局第三次集体学习时的讲话（2013年1月28日）。

长点",就必须优先、即时和大力地发展"海洋科学和技术",并且还要迅速地由"海洋开发型"科学技术向"循环利用型"科学技术方向发展。特别是"要保护海洋生态环境，……要下决心……全力遏制海洋生态环境不断恶化趋势，让人民群众吃上绿色、安全、放心的海产品，享受到碧海蓝天、洁净沙滩。……坚持开发和保护并重、污染防治和生态修复并举，科学合理开发利用海洋资源，维护海洋自然再生产能力"。[①] 其中，习近平在印尼国会的"10·3"讲话又是对"7·30"讲话"经略海洋"的进一步落实，进而提出一个"21世纪'海上丝绸之路'"概念，并与"丝绸之路经济带"一起形成一个完整的"一带一路"倡议。这些都是"十八大以来以习近平同志为核心的党中央治国理政新理念新思想新战略"的有机组成部分。它是中国共产党人面对21世纪中体现"海洋世纪""海洋时代""海洋问题""海洋矛盾"和"海洋冲突"所有问题提出的"中国概念"。其中，"10·3演讲"是对"7·30讲话"的具体落实，而"7·30讲话"又是对"1·28讲话"的深化、细化和精化。

4. 方略的方式。

"基本方略"是十九大报告要求全党"必须全面贯彻"的与党的"基本理论、基本路线"并列的重要内容。所以，虽然以习近平同志为核心的党中央并没有一个明确的"海洋方略"的思想，但结合"四个全面"和"五位一体"的思维方式看，还是可以清晰地看出，习近平新时代中国特色社会主义海洋思想中有一个"海洋方略发展方式"的思想。其中，方略思维实际是一种正方形思维。这与长方形和线形的战略思维有很大的不同。正方形思维又来自于方块字思维。中国字就是一种方块字。因

---

① 习近平在中共中央政治局第八次集体学习时（2013年7月30日）强调，进一步关心海洋认识海洋经略海洋，推动海洋强国建设不断取得新成就。

此，方略思维是中国的一个传统的思维方式。这种思维方式特别注重结构及其搭配和配合，注重一种整体和综合的力量，注重一种因势利导、乘势而动、顺势而为的力量，注重一种"四两拨千斤"的效果。那么，什么又是习近平的"海洋方略发展方式"及其思想呢？这与"地球是一个球体，而球体又是一个一体和立体"密切相关。而立体又是由多个平面在三维空间中构成的。所以，海洋的立体思维就是一个全球思维。而海洋经济的发展方式也有"点型方式""线型方式""平面方式"和"立体方式"的区别。其中的立体方式，也即方略方式，就是最高层次的。里面蕴含着一种融为一体的机理和机制。它最终以"合作、共赢"的形式体现出来。对此，在2017年9月4日金砖国家领导人厦门会晤大范围会议上所作的《深化金砖伙伴关系 开辟更加光明未来》的演讲中，借着表达金砖国家之间正在深化的"伙伴关系"，习近平充分表达了他的"海洋方略思想"。习近平指出："金砖合作之所以得到快速发展，关键在于找准了合作之道。这就是互尊互助，携手走适合本国国情的发展道路；秉持开放包容、合作共赢的精神，持之以恒推进经济、政治、人文合作；倡导国际公平正义，同其他新兴市场国家和发展中国家和衷共济，共同营造良好外部环境。"为此，习近平深入阐述了对都是来自"海边国家"的金砖国家之间"方略发展方式"的设想。方略发展方式起码应该有四个方面组成。习近平的设想就分了四个方面。"第一，致力于推进经济务实合作。务实合作是金砖合作的根基，在这方面我们成绩斐然。同时，我们也要看到，现在，金砖合作潜力还没有充分释放出来。第二，致力于加强发展战略对接。我们五国虽然国情不同，但处在相近发展阶段，具有相同发展目标，都已进入经济爬坡过坎的时期。第三，致力于推动国际秩序朝更加公正合理方向发展。随着我们五国同世界的联系更为紧密，客观上要求我们积极参与全球治理。没有我们五国参与，许多重大紧迫的全球性问题难以有效解决。我们就事关国际和平与发展的问题共同发声，共提方案，既符合国际社会期待，也有助于维护我们的共同利益。第四，致力于促进人文民间交流。国之交在于民相亲。只有深耕厚植，友谊和合作之树才能枝繁叶茂。"[1]再由方略思维方式去看"一带一路"中的"一路"还会惊奇地发现，在习近平的"一路"思想中还蕴含了一个"太平洋方略""北冰洋方略"和"全球方略"。这些都是对人们一般所理解的"一路"是一个"线性路线"有很大的不同。其中，"点性思维"注重的是"点"的数量问题，"线性思维"注重的是"线"的长度问题，"平面思维"注重的是"面"的宽度问题，"立体思维"注重的是"体"的体积问题。陆地思维至多只能到达一个平面思维。只有立体思维才能看得懂海洋及其被海洋覆盖的71%的地球全球。

5. 生态的方式。

这是"生态文明"进入"海洋发展方式"的一个结果。习近平不仅重视陆地生态，提出了"绿水青山就是金山银山"的"两山"理论和思想，也使生态文明思维进入了海洋经济发展领域。可以从2013年的"7·30"讲话中清晰地看到这个生态文明的落实情况。在充分认识到，在"需要提高海洋资源开发能力""让海洋经济成为新的增长点"的同时，在"加强海洋产业规划和指导，优化海洋产业结构，提高海洋经济增长质量，培育壮大海洋战略性新兴产业，提高海洋产业对经济增长的贡献率，努力使海洋产业成为国民经济的支柱产业"的基础上，习近平还强调了要"着力推动海洋经济向质量效益型转变"，"要保护海洋生态环境，着力推

---

[1] 习近平在金砖国家领导人厦门会晤大范围会议上的讲话_新华网（http://www.xinhuanet.com/politics/2017-09/04/c_1121602495.htm）

动海洋开发方式向循环利用型转变。要下决心采取措施，全力遏制海洋生态环境不断恶化趋势，让中国海洋生态环境有一个明显改观，让人民群众吃上绿色、安全、放心的海产品，享受到碧海蓝天、洁净沙滩。要把海洋生态文明建设纳入海洋开发总布局之中，坚持开发和保护并重、污染防治和生态修复并举，科学合理开发利用海洋资源，维护海洋自然再生产能力。要从源头上有效控制陆源污染物入海排放，加快建立海洋生态补偿和生态损害赔偿制度，开展海洋修复工程，推进海洋自然保护区建设"[①]。从这些论述中可以看出，习近平的海洋生态发展方式思想中有"以人民群众为主""海洋质量效益经济""资源循环利用""遏制海洋生态不断恶化"、建立"海洋生态补偿和赔偿制度""有效控制陆源污染入海""开发和保护并重"的思想。

（四）倡议思想："一路"是在传统的基础上既面向太平洋又瞄向北冰洋

"一带一路"究竟属于什么性质？以习近平同志为核心的党中央认为，"一带一路"是一种倡议。什么是倡议？一是属于一种提倡，就是他人既可以做，也可以不做。二是属于还可以议论，就是大家还可以商议和协议。正是中国的这种温和的、友好的、低调的、尊重的、平等的又充满实力的和自信的口吻，才使这个倡议很快就得到了很多国家和国际组织的响应。到2017年12月，"亚投行"（AIIB）的成员总数已经扩围至84个。到2018年3月，旨在推动互联互通，促进国际合作，实现各国共同发展的"一带一路"倡议已经得到全球140多个国家和国际组

---

① 习近平：进一步关心海洋认识海洋经略海洋＿人民网（http://cpc.people.com.cn/n/2013/0731/c64094-22399483.html）

织的响应和支持。① 特别是 2018 年 1 月 26 日《中国的北极政策》白皮书的发布正式向全世界亮明了中国在这方面的态度和观点：中国的"一带一路"包含北极的"冰上丝绸之路"，中国的"21 世纪海上丝绸之路"包含"北冰洋之路"。于是，中国要走向世界舞台中心，一定要走向北极。因为联合国的徽章就是一张以北极为中心的世界地图。而要走向北极，就需先开拓北冰洋之路。而要到达北冰洋，自然就需要有一个太平洋之路。在《中国的北极政策》白皮书发布之前，有人说到"一路"中应该有一个太平洋之路和北冰洋之路，都会被人嗤之以鼻，甚至还会被人当作"天方夜谭"而嘲笑。其实，习近平早有这个思想及其表达，只是人们一直没有跳出传统思维的习惯及其惯性，也就难以发现在习近平的海洋思想里早已隐藏了一个深邃的"声西击东"布局。

一定要看到"一带一路"尤其是"一路"形成和提出时候的思维方式。在 2013 年、2014 年两年当中竟然有三次，即 2013 年 1 月、2013 年 7 月、2014 年 11 月，在主要概念上中国共产党发生变化。这个变化又反映了以习近平同志为核心的党中央在思维方式上的变化。2013 年"1·28"中共中央政治局集体学习的核心词是"战略"，到 2013 年"7·30"中共中央政治局集体学习的核心词就变成了"经略"，但到 2014 年"10·23"中国共产党第十八届中央委员会第四次全体会议之后全党要学习领会的核心词就是"方略"。《中共中央关于全面推进依法治国若干重大问题的决定》"把依法治国确定为党领导人民治理国家的基本方略"的核心词就是"方略"。这个变化与其说是一种概念的名词变化，不如说是一种思维方式的内涵变化。这也是以习近平同志为核心的

---

① 外交部部长王毅就"中国的外交政策和对外关系"答记者问　中国网（http://www.china.com.cn/lianghui/zhibo/2018-03/08/content_37956010.htm）

党中央"方略思维"形成的过程及其标志。那么，什么是方略思维呢？什么是"海洋方略思维"呢？什么是"海洋方略思想"呢？什么是"海洋方略倡议思想"呢？习近平的"海洋方略倡议思想"是一个立体的海洋思想。就在2013年的"7·30"中央政治局集体学习会上，习近平就表达过一个具有"一二三四"四层结构和内涵的"海洋方略倡议思想"。习近平一是重申了"一个部署"，就是"建设海洋强国"是党的十八大报告做出的一个重大部署。二是明确了"两个坚持"，就是既要坚持"陆海统筹"，又要坚持走"依海富国、以海强国、人海和谐、合作共赢"的国家发展道路和走"和平、发展、合作、共赢"的海洋强国建设之路。三是提出了"三点要求"，既要提高海洋资源的开发能力，又要着力推动海洋经济向质量效益型转变，还要把发达的海洋经济作为建设海洋强国的重要支撑点和支撑力来看待，让海洋经济成为新的增长点，要加强海洋产业规划和指导，优化海洋产业结构，提高海洋经济增长质量，培育壮大海洋战略性新兴产业，提高海洋产业对经济增长的贡献率，努力使海洋产业成为国民经济的支柱产业。四是提出了一个"四个必须"，就是既为了实施国家的海洋强国战略，也为了"要进一步关心海洋、认识海洋、经略海洋"，必须"提高海洋资源开发能力"，必须"保护海洋生态环境"，必须"发展海洋科学技术"，必须"维护国家海洋权益"。这是"人类进入了大规模开发利用海洋的"21世纪后，中国应该做出的一个必然应对。^①其中，"经略海洋"要求我们对待海洋必须耐心、细心和精心，甚至还要做到一个细致和精致的程度。既要学会经营，更要学会"运筹帷幄，决胜千里之外"。

---

① 习近平：进一步关心海洋认识海洋经略海洋 推动海洋强国建设不断取得新成就 _ 新华网（http://news.xinhuanet.com/politics/2013-07/31/c_116762285.htm）

　　其实，在海洋时代里进行海洋经济的发展，更需要一种"方略思维"。用"方略思维"看人类的海洋经济发展就会发现，人类正在逐渐地进入一个"太平洋时代"。这是马克思主义在19世纪做出的一个对后世产生重大影响的预言。人类至今进入太平洋时代已经到达一个发生聚变和剧变的程度。马克思之所以会有这样的预言，就与他具有这种方略思维方式密切有关。[①] 马克思的这个预言现在已经成为现实。中国再也不能失去这次机会。南太平洋地区是习近平海洋思想的一个新的重要关注点和突破点。2014年年底习近平在南太平洋地区所做的80余场外交活动把全世界的目光都快速地引到了这个南太平洋地区——这个至今基本上还是一个欠发达的区域。它的薄弱程度的标志是，国际社会和国际势力甚至至今还没有对它发生过很高度的关注和很有力度的作用与对策。它基本上还属于西方国际关系链条中和现在世界运行体系中的一个薄弱环节。太平洋不仅是世界经济和全球事业发展的新空间，而且还是一个通往北冰洋且又贯通地球南北极地的通道和枢纽。其中，美国和中国是从东西两边扶持北太平洋的两个大国。但中国对太平洋的作用和影响在广度、力度和深度上还十分有限，甚至在不远的将来还会有一种失去太平洋进而失去北冰洋的主导权和话语权的可能性。世界在21世纪后半段最终将形成一个以北冰洋为中心或者核心或者枢纽的世界运转秩序。

　　再来看，以习近平同志为核心的党中央在关注"太平洋时代"，就与美国的重返亚太的战略有关了。从如下习近平的两个活动中可以清晰地看出中共中央的太平洋方略思想的形成及其特点。一是前面已经提到

---

① 骆小平. 海洋科技与海洋生态：马克思主义"太平洋时代理论"的发展动力［J］. 浙江海洋学院学报（人文科学版），2013（4）.

的作为国家主席习近平在 2014 年 11 月在南太平洋地区共举办了 80 余场的外交活动。这种高密集度的外交活动在中国的外交史上也是十分罕见的。二是作为国家领导人习近平曾经在四年中有六次与美国人特别是与美国前总统奥巴马四次谈论过对太平洋的看法，反复强调了一个"太平洋足够大，完全容得下中美两国"发展的观点和态度。① 其实，无论从马克思预言看，还是从 APEC 运行看，或是从 TPP 谈判看，或是从亚太自贸区谈判看，太平洋一定不仅是 21 世纪的重点和要点，而且也是海洋世纪的焦点，甚至还是国际政治的热点。太平洋进入世界政治视野虽然也已经有一段时间，但目前仍然表现出强烈的不稳定变化态势。太平洋其实是在英美的夹击下进入国际政治视野的。② 2014 年 11 月，中国国家主席习近平对南太平洋地区所做的 80 余场外交活动表明，中国正以一种积极的姿态也在进入一个太平洋时代。在短短的 10 天当中，习近平向世界发出了一种很特别的中国声音——一种"提出倡议、推动

---

① 作为国家领导人，习近平曾经有六次与美国人谈过"太平洋足够大，完全容得下中美两国"。第一次是在 2012 年 2 月 13 日作为国家副主席启程访问美国行前接受《华盛顿邮报》的一个书面专访，在回答六大问题时，在谈到亚太区域时，习近平表达了这个观点："区域的人民追求和平、稳定与发展，太平洋够大，足以容下中美两国。"第二次是在 2013 年美国东部时间 6 月 7 日作为中国国家主席习近平在美国加利福尼亚州安纳伯格庄园同美国总统奥巴马举行中美元首会晤时再次提到这个观点。第三次是在 2014 年 7 月 9 日在出席当天举行的第六轮中美战略与经济对话和第五轮中美人文交流高层磋商的联合开幕式上，习近平发表了题为《努力构建中美新型大国关系》的致辞。第四次是在 2014 年 11 月 12 日在人民大会堂与前来访问的美国总统奥巴马举行会谈时又一次提到并强调的。第五次是在 2015 年 5 月 25 日在北京同美国国务卿克里会晤时也提到了这个观点。第六次是在 2015 年美国东部时间 9 月 24 日在首都华盛顿布莱尔国宾馆举行长达三小时的会晤中又一次提到这个观点。
② 英国进入太平洋应该从 1840 年英中鸦片战争算起，但美国进入太平洋则应该从 19 世纪末即 1898 年开始算起。当时有两件大事作为标志：一是 1898 年美国对夏威夷的吞并，二是 1898 年美国在菲律宾发生了美西战争。这两场战争的结果是，一方面，美军占领菲律宾；另一方面，美军又在 1898 年吞并夏威夷的基础上，把夏威夷在 1990 年时归属了美国，又在 1959 年成为了美国第 50 州。由此看，美国的"太平洋战略"已经有 100 多年的历史。

合作、传递信心"的声音。这是他的"倡议思想"最充分和最好的实践和表达。国外媒体评价,此访是中国外交新的里程碑,对亚太、对世界的发展将产生重要而深远影响。

习近平的"倡议"思想表现在以下的活动当中。一是 2014 年 11 月 15 日在澳大利亚布里斯班举行的金砖国家领导人非正式会晤上,习近平发声"睿语录":"经济合作是推动金砖国家发展的持久动力,我们要本着开放、包容、合作、共赢的金砖国家精神,继续致力于建设一体化大市场、金融大流通、基础设施互联互通、人文大交流,制定经济合作长期规划,建立更紧密经济伙伴关系。建立金砖国家开发银行和应急储备安排是件大事,要抓紧落实。""金砖国家合作要做到政治和经济'双轮'驱动,既做世界经济动力引擎,又做国际和平之盾,深化在国际政治和安全领域协调和合作,捍卫国际公平正义。""我们要继续做全球自由贸易的旗手,维护多边贸易体制,构建互利共赢的全球价值链,培育全球大市场。"[①] 二是 2014 年 11 月 15 日在布里斯班召开的二十国集团领导人第九次峰会第一阶段会议上,习近平说:"二十国集团成员要树立利益共同体和命运共同体意识,坚持做好朋友、好伙伴,积极协调宏观经济政策,努力形成各国增长相互促进、相得益彰的合作共赢格局。"三是 2014 年 11 月 17 日在澳大利亚联邦议会发表题为《携手追寻中澳发展梦想 并肩实现地区繁荣稳定》的重要演讲,习近平主要阐述了三个方面观点:"第一,中国坚持和平发展,决心不会动摇。……中国人民坚持走和平发展道路,也真诚希望世界各国都走和平发展这条道路。第二,中国坚持共同发展,理念不会动摇。中国将坚定不移奉行互利共赢

---

① 习近平出席金砖国家领导人非正式会晤_央视网(http://news.cntv.cn/2014/11/15/VIDE1416058016218799.shtml)

的开放战略，坚持正确义利观，发展开放型经济体系，全方位加强和拓展同世界各国的互利合作。……第三，中国坚持促进亚太合作发展，政策不会动摇。中国将坚持与邻为善、以邻为伴，践行亲诚惠容的理念，倡导共同、综合、合作、可持续的亚洲安全观。……中国一贯坚持通过对话协商以和平方式处理同有关国家的领土主权和海洋权益争端。"① 四是 2014 年 11 月 23 日在出席二十国集团领导人第九次峰会后，习近平又对澳大利亚、新西兰和斐济进行了国事访问，并同太平洋建交岛国领导人举行会晤。在出访的 10 天中，到访 3 个国家，辗转 7 座城市，开展 80 余场双、多边外交活动，同近 40 位外国政要接触、交流。如下 10 个细节应该值得特别一提并且要给予特别重视：①澳大利亚总督"试镜"；②见证两国文件签约，中澳两国元首站了很久；③习近平收到 16 封澳大利亚孩子来信；④习近平珍藏的两个"心愿"；⑤新西兰总理用"朋友"称呼习近平；⑥新西兰总理全程陪同习近平；⑦习近平力推中澳、中新地方合作交流；⑧新西兰百姓吟唱民谣送习近平；⑨斐济总统夫人感叹中国像磁铁石；⑩习近平主席到访成当地百姓"中国日"。② 它们都透露了习近平的"心愿"。

特别是在澳大利亚联邦议会上的演讲，习近平主要阐述了中国和平发展道路和亚太政策，强调了中澳两国要……共同谱写亚太地区和平、稳定、繁荣新篇章。为此，习近平重点阐述了这样一个观点：……中国坚持促进亚太合作发展，政策不会动摇。亚太是中国安身立命之所。没有亚太地区和平和繁荣，中国的稳定和发展就得不到保障。中国改革开

---

① 习近平在澳大利亚发表演讲阐述中国亚太政策＿中国新闻网（http://www.chinanews.com/gn/2014/11-17/6785380.shtml）

② 习近平南太之行 10 细节：透露珍藏两"心愿"＿中国网（http://news.china.com/domestic/945/20141129/19025628_1.html）

放30多年来取得巨大成就，既是自身努力奋斗的结果，也得益于一个包容开放的亚太环境。中国真心希望同地区国家一道做大利益蛋糕，实现互利共赢。中国将坚持与邻为善、以邻为伴，践行亲诚惠容的理念，倡导共同、综合、合作、可持续的亚洲安全观，努力使自身发展更好惠及周边及亚太国家。中国将同各国一道，用好亚太经合组织、东亚峰会、东盟地区论坛等平台，推动区域全面经济伙伴关系协定谈判如期完成，加快推进丝绸之路经济带和21世纪海上丝绸之路建设，推动亚太地区发展和安全相互促进、相得益彰。海上通道是中国对外贸易和进口能源的主要途径，保障海上航行自由安全对中方至关重要。中国政府愿同相关国家加强沟通和合作，共同维护海上航行自由和通道安全，构建和平安宁、合作共赢的海洋秩序。对涉及中国主权、安全、领土完整的核心利益，中国人民也会坚定不移加以维护。联合国宪章和国际关系基本准则对所有国家都是适用的，我们主张各国不论贫富、强弱、大小一律平等，这不仅是指权益上的平等，也是指在国际规则上的平等。中国一贯坚持通过对话协商以和平方式处理同有关国家的领土主权和海洋权益争端。中国已经通过友好协商同14个邻国中的12个国家彻底解决了陆地边界问题，这一做法会坚持下去。中国真诚愿意同地区国家一起努力，共同建设和谐亚太、繁荣亚太。①

同时，从2017年4月访问美国的往返路径上也可看出习近平关注北极和北冰洋的基本思维和思路。他是在去美国访问途中先访问了芬兰。芬兰位于欧洲北部，实际上是在北冰洋和大西洋的交界处。在赫尔辛基同芬兰总统尼尼斯托举行会谈时，习近平发表了"倡议"式讲话：

---

① 习近平在澳大利亚联邦议会发表重要演讲（全文）＿中国新闻网（http://www.chinanews.com/gn/2014/11-17/6785770.shtml）

"中国和芬兰是相互尊重、平等相待、合作共赢的好朋友、好伙伴。两国人民始终对彼此怀有友好感情。芬兰人民正在开启新的百年发展征程，中国人民也正在为实现'两个一百年'奋斗目标和中华民族伟大复兴的中国梦而奋斗。中芬两国发展需求契合度很高。双方要从战略高度和长远角度出发，牢牢把握住中芬关系正确发展方向，加强高层交往，增进战略互信，巩固好双边关系政治基础，挖掘合作潜力，实现优势互补，在各自发展道路上相互支持。"后来，双方在密切双方高层及各领域交往，深化经贸、投资、创新、环保、旅游、冬季运动、北极事务等领域和"一带一路"倡议框架下合作，加强在重大国际问题上的沟通和协调，推动欧盟同中国更加紧密合作等方面都达成了共识。① 之后，在中美元首会晤后的回国途中，在美国阿拉斯加州州府安克雷奇又做了技术经停，会见了阿拉斯加州州长沃克。美国的阿拉斯加州位于北美大陆西北端，东与加拿大接壤，另三面环北冰洋、白令海和北太平洋。它实际上就在北冰洋和太平洋的交界处。在同沃克的会谈中，习近平又提出了他的"倡议"："中国同阿拉斯加州产业互补性强，双方交流合作已经取得长足进展，同时大有潜力可挖。双方要拓宽合作领域，深化能矿、油气资源、渔业等合作，加强旅游合作，开展冬季冰雪运动交流，促进人民友好。"②

(五) 和平思想: 以"倡议、开放、协作、和谐、合作、平和"为宗旨

"我们要坚持走和平发展道路，但决不能放弃我们的正当权益，决

---

① 习近平同芬兰总统尼尼斯托举行会谈＿新华网（http://www.xinhuanet.com/world/2017-04/05/c_1120756162.htm）
② 习近平会见美国阿拉斯加州州长＿人民网（http://politics.people.com.cn/n1/2017/0409/c1024-29197312.html）

不能牺牲国家核心利益。中国发展绝不以牺牲别国利益为代价。"① 这是 2013 年 "1·28" 讲话的一个中心思想——"和平海洋发展"的思想。"1·28"中央政治局集体学习会议在以习近平同志为核心的党中央治国理政新理念新思想新战略和习近平新时代中国特色社会主义思想中具有非常重要的作用。这个会议的精神后来就是以习近平同志为核心的党中央一以贯之的基本理念内核。习近平特别推崇"天时不如地利,地利不如人和"的提法。在"一路"的拓展中,习近平也主张,一定要注意"人和"的问题。过去经常是用武力打天下。武力打天下的后果经常是,"占了地方,但伤了人心"。这要求必须以"人和"为先导去打开局面。这是一个非常重要和关键的思路。"当前世界需要发展,发展需要和平。中国人民同各国人民一样,既要争取和平的国际环境发展自己,又要通过自身的发展维护和促进世界和平。""和平"是"海洋经济发展"的一个重要内涵。只有制度带来的和平才是稳定的和长久的。同时,在"和平思想"中还必须包含一个"包容思想"。习近平讲过:应该更多地"发挥各自优势,实现多元共生、包容共进,共同造福"。他认为,要构建一个"命运共同体,符合求和平、谋发展、促合作、图共赢的时代潮流"。要"尊重……多样性"②。"包容"是中国传统文化的精髓,是"和文化"的内涵。"和文化"包含着和气、和谐、和平、和而不同等思想和理念。现在的问题是,怎样才能把作为中国"海洋发展之路"的王牌——"一路"打造成为一条"和之路"和"容之路"呢?这是利用"和文化"和"容文化"去打动人心,突破心理防线,进而获得人心,达到情感融合

① 习近平:坚持和平发展但决不放弃正当权益、牺牲核心利益_国际在线(http://news.cri.cn/gb/27824/2013/01/29/6611s4006382.htm)
② 习近平:中国愿同东盟国家共建21世纪"海上丝绸之路"_新华网(http://www.xinhuanet.com/world/2013-10/03/c_125482056.htm)

的基本思路。习近平主张，要在"维护联合国宪章宗旨和原则"的基础上，创新一个"多极化世界"的秩序，对一些海洋"分歧和争议"，"要始终坚持以和平方式，通过平等对话和友好协商妥善处理"。现代的海洋事业发展应该是一个具有制度保障的事业。

和平海洋经济发展的思想，是一个创新但并不全新的思想。虽然在现在的媒体搜索中还搜索不到一个习近平"和平与合作思想"的概念，但是通过学习习近平关于海洋的系列重要讲话，仔细领悟以习近平同志为核心的党中央"治国理政"中的海洋新理念新思想新战略就会发现，在中国实现"中华复兴""中国梦"的海洋之路上，确实蕴含有一个鲜明且丰富的"和平"与"合作"的核心观念、理念和理论。习近平及其党中央对此最有代表性的表达是 2016 年的新年贺词。习近平在贺词中是这样表达的："我衷心希望，国际社会共同努力，多一份平和，多一份合作，变对抗为合作，化干戈为玉帛，共同构建各国人民共有共享的人类命运共同体。"人类自进入 21 世纪起实际已经进入一个海洋世纪和海洋时代。国际社会在进入 21 世纪的瞬间也就成了一个"海洋社会"。什么是"海洋社会"？它以海洋为中心，海洋在国际社会中所占的比例和比重现状已经很大和很重，但未来还会越来越大和越来越重。一切关于国际的思想也正在逐渐地变为一个关于海洋的思想。对海洋的研究也正在从一个物理层面和地理层面进入一个心理层面和权益层面。海洋由此在人类和人们的生活、经济、政治和视域中所占的比例和比重也不仅在越来越大，还在越来越重。但这种"大"和"重"的发展有一个过程。至今的发展状况是处于一个刚起步不久的状态。

以习近平同志为核心的党中央关于海洋的新理念新思想新战略已经十分清晰，并且已经呈现一个鲜明的创新性、探索性、整体性和概括性。这个结论既是学习习近平新时代中国特色社会主义思想的一个新体会，又是学习"十八大以来以习近平同志为核心的党中央治国理政新理念新思想新战略"的一个新感知。重视海洋并实施经略海洋和海洋方略，确实是"十八大以来以习近平同志为核心的党中央治国理政新理念新思想新战略"的一个十分重要的创新的标志性和里程碑式的崭新内容。从"海洋时代"的到来和海洋占地球表面积71%的情况看，人类社会本来就应该是一个海洋社会。在这个包含认识海洋、经略海洋、和平之海、合作之海理念在其中的"海洋社会"概念中，本来就蕴含了一个"和平与合作"的海洋概念、理念、意念和意志。习近平的"和平与合作海洋"的思想就既是把海洋当作一个人类社会的中心和核心来看待的结果，也是从海洋的角度重新审视人类居住的这个星球的结果。从2012年"通过友好谈判，和平解决同邻国的领土、领海、海洋权益争端"，再到2013年"通过和平、发展、合作、共赢方式，扎实推进海洋强国建设"，再到2014年"中国……是一只和平的、可亲的、文明的狮子"和"让和平的阳光永远普照人类生活的星球"，再到2015年"和平必胜"与"和平尊"，再到前面提到的2016年新年贺词和关于"所有相关争议应由当事方基于友好谈判协商和平解决"等表达，都足以说明以习近平同志为核心的党中央有一个"和平与合作海洋"的深远和深邃的思想。

与现在西方奉行的"海洋之路"是一条霸权的权力之路不同，中国的"一路"主要是一条权益和权利之路。由此形成并展开了这将是一条开放和包容之路的路态。"海纳百川，有容乃大"是指海洋具有巨大的包容力。因此，"求和平、谋发展、促合作、图共赢"既是"时代潮流"，又是"天下之利"，更是"亚洲和世界各国人民共同"的"益"处。关键还是"包容"。只有"包容"才可以，让"心与心才能贴得更近"①。"包容"是两个概念的一个组合词。其中，"包是包，容是容"。"包容文化"是要把世界上所有的人都联系和联结起来，不仅要把不同的民族及其文化包裹起来，而且还要包容不同的特点，进而形成一个新生事物。

(六) 发展思想: 发展海洋不仅是机遇发展，更是快速发展和搭乘发展

"发展"既是一个大需求，又是一个大问题。人类一直在追求大发展，但对大发展过程中和实现大发展后出现的问题往往束手无策。"发展问题又需要用发展来解决"，是不是一个真理？客观是，发展越快、发展越大，问题就会越多。现在看，人类当初冲出动物界就是一个最大的发展。现在冲出陆地到海洋上去发展，也有类似很大的历史意义。"在福建、浙江工作时，习近平同志曾多次对海洋经济发展做出重要论述，指出发展海洋经济是一项功在当代、利在千秋的大事业。"②人类到现在的发展还没有超过那个冲出动物界的发展，至今还只是在利用海洋，而还没有到一个去海洋上发展的状态和程度。"发展"是一种突破，甚至是一种飞越。每一个社会形态的形成都是人类发展的结果。通过海洋的发展是不是一次新的发展方式？进入海洋的发展会给人类带来什么作用和效果？习近平在浙江省任省委书记时考虑海洋经济发展主要是从浙江省是一个陆地资源小省的角度为出发点的。人类发展海洋经济，主要是从地小海大的角度和陆地资源已经基本枯竭而海洋资源基本是尚未开发的角度以及地球的生态需要保护的角度为出发点。但习近平现在

---

① 习近平: 中国愿同东盟国家共建21世纪"海上丝绸之路"_新华网（http://www.xinhuanet.com/world/2013-10/03/c_125482056.htm）
② 争当建设海洋强国的排头兵_人民网（http://theory.people.com.cn/n/2014/1223/c40531-26256819.html）

考虑海洋经济发展的问题，主要是从中国需要再发展、世界需要和平发展、他国需要搭乘发展、地球需要生态发展为出发点的。对这个思考比较集中、全面的阐述是在2017年5月14日在北京召开的"一带一路"国际合作高峰论坛开幕式上的《携手推进"一带一路"建设》的演讲。一定要看到，"一带一路"的全球效益和全球效应。一定要看到，"21世纪海上丝绸之路"的核心是"海上"，而海洋面积又占地球表面积的71%。通过"一路"到"海上"去发展，是"一路"倡议的关键。一定要看到，习近平蕴藏在"一路"倡议里面的一种整体思维和方略思维。这是他把"地球"看成"水球"并把地球上的陆地看成是海上岛屿的结果。通过"一路"到地球的任何地方都是到海上的一个地方。这也是对人类下一步发展的设想和设计，只是这个倡议由中国首先发起而已。这是习近平2013年"10·3"演讲的历史意义。

经过将近四年的推动和发展，到2017年5月14日"'一带一路'国际合作峰会论坛"召开，习近平已经形成他的海洋全球发展思想。这一思想由以下几点思想构成：

1. "和平发展"思想。

这既属于"和平思想"，又属于"发展思想"。这是中国国家的传统文化在现代国家的"海洋发展之路"上的作用。对这个作用，正如习近平所说的那样："古丝绸之路打开了各国友好交往的新窗口，书写了人类发展进步的新篇章""古丝绸之路绵亘万里，延续千年，积淀了以和平合作、开放包容、互学互鉴、互利共赢为核心的丝路精神"，等等。习近平认为，"这是人类文明的宝贵遗产"。国家文化是国际概念形成后才有的产物。国家是一个近代的概念。近代的发展基本是一种战争的发展和掠夺的发展。只有现代的发展才是一种"和平发展"。但现实是，"发展赤字、和平赤字，是摆在全人类面前的严峻挑战"。因为，"从历史维度看，人类社会正处在一个大发展大变革大调整时代。世界多极化、经济全球化、社会信息化、文化多样化深入发展，和平发展的大势日益强劲，变革创新的步伐持续向前。各国之间的联系从来没有像今天这样紧密，世界人民对美好生活的向往从来没有像今天这样强烈，人类战胜困难的手段从来没有像今天这样丰富。从现实维度看，我们正处在一个挑战频发的世界。世界经济增长需要新动力，发展需要更加普惠平衡，贫富差距鸿沟有待弥合。地区热点持续动荡，恐怖主义蔓延肆虐"①。于是，人类就在需要一种国家之间的"共商文化"。这是一个什么样的"共商文化"？中国在其中又发挥了一个什么样的作用？其中，"共商"是对话的内容。而对话是为了防止对抗的发生和化学变化。"共商"的结果就是"和平"。所以，在2017年的"5·14"演讲中，习近平很自豪地说，在这次"一带一路"国际合作峰会论坛上，"来自100多个国家的各界嘉宾齐聚北京，共商'一带一路'建设合作大计，具有十分重要的意义"②。习近平一直主张，中国要成为"维护联合国宪章宗旨和原则，促进世界和平、稳定、繁荣"③的一股坚定和坚强的力量。

2. "互补发展"思想。

这其实是"合作发展"的另一个说法。因为现实对"合作发展"的理解总有一些偏差，所以，此书用"互补发展"思想来概括习近平的"合作发展"思想。其中的关键在于怎么理解"合作发展"概念中的"合

---

① 习近平在"一带一路"国际合作高峰论坛开幕式上的演讲 _ 新华网（http://www.xinhuanet.com/politics/2017-05/14/c_1120969677.htm）
② 习近平在"一带一路"国际合作高峰论坛开幕式上的演讲 _ 新华网（http://www.xinhuanet.com/politics/2017-05/14/c_1120969677.htm）
③ 习近平会见澳大利亚总督科斯格罗夫 _ 新华网（http://www.xinhuanet.com/world/2015-03/30/c_1114813052.htm）

作"的机理和状态。一般人是把"合作"与"联合"混为一谈的。其实，它们属于两个完全不同的阶段。"联合"是"合作"的前期阶段，"合作"是"联合"后的进一步发展。"联合"一般是可以"强强"的，如"强强联合"，而"合作"一定是互补的。"强强"是属于同质的，而"互补"是异性的。精准理解"合作发展"就是这种"互补发展"的模式。所以，习近平认为，"一带一路"建设不是另起炉灶、推倒重来，而是实现战略对接、优势互补。我们同有关国家协调政策。中国同40多个国家和国际组织签署了合作协议，同30多个国家开展机制化产能合作。……建设瓜达尔港、比雷埃夫斯港等港口，规划实施一大批互联互通项目。[①]从中可以看到，习近平的"合作发展思想"就是"互补发展思想"。它在告诉我们，中国的发展一定是一个只有供给和满足别人的需求才能满足自己的需求的方式和方法、道路和路径。

3. "相通发展"思想。

对中国之所以要做"一带一路"，习近平自有自己的理解和论述。"一带一路"倡议的提出，固然不可缺少经济发展的考虑，但最主要还是一个国际交往问题。习近平认为，"国之交在于民相亲，民相亲在于心相通"。而"'一带一路'建设参与国弘扬丝绸之路精神，开展智力丝绸之路、健康丝绸之路等建设，在科学、教育、文化、卫生、民间交往等各领域广泛开展合作，为'一带一路'建设夯实民意基础，筑牢社会根基"。为此，习近平认为，应该把"一带一路"同样也包括"一路"建成一个"和平之路""繁荣之路""开放之路""创新之路""文明之路""廉洁之路"及"友好合作"和"务实合作"之路，还有"共商之路""共赢之

① 习近平在"一带一路"国际合作高峰论坛开幕式上的演讲＿新华网（http://www.xinhuanet.com/politics/2017-05/14/c_1120969677.htm）

路"和"分享之路"。[1]其中，民心相通至关重要。怎么让民心相通是急需研究和解决的。地域、文化、冲突和战争及经济发展的速度和程度已经让本来完整的人类四分五裂了。要把这些裂变的状态再聚合起来，急需文明的传承和智慧的助力。习近平的"相通发展"思想既继承了中国传统的"和文化"内核，又吸取了西方社会近代以来"进取文化"的精髓。

4."机遇发展"思想。

国家发展的海洋之路是一条机遇之路。这与21世纪是一个海洋时代密切相关。海洋时代的到来不是给予的，而是偶然碰到的。给予的往往是机会，带有主动的和有准备的；偶然碰到的就是机遇，带有被动的和无准备。从21世纪第一个十年的情况看，中国还不能算是抓住了历史机遇，只能说并没有完全错过历史机遇。中国在2011年3月第十二次全国人民代表大会上通过的《中华人民共和国国民经济和社会发展第十二个五年规划纲要》提出了506个字的"第十四章 推进海洋经济发展"。以此为标志开始了中国的海洋时代。对中国来说，这是一种裹挟性的机遇，是一个不得不应对的、具有时代趋势的历史发展机遇。现在世界处于慢发展状态是中国快发展的机遇，世界的前发展是中国后发展的机遇，世界增长式发展是中国发展式发展的机遇。其中，"一路"就是以习近平同志为核心的党中央审时度势地应对海洋时代的到来打出的一张主动牌。这张牌还会带来国际、世界和全球的影响和变化。正是出于这样的考虑，习近平在世界经济论坛2017年年会开幕式上才阐述了这样一个论点："中国的发展是世界的机遇，中国是经济全球化的

---

[1] 习近平在"一带一路"国际合作高峰论坛开幕式上的演讲_新华网（http://www.xinhuanet.com/politics/2017-05/14/c_1120969677.htm）

受益者，更是贡献者。"① 因为人类在21世纪几乎都处在了一个"你中有我，我中有你"的运行机理中。所以，在全球化的事态和态势中，中国的发展也势必将为世界的发展创造机遇。中国的发展是世界发展的引擎和驱动力。中国的发展将带动世界的发展。由此看"一路"，它也就是一条中国产品输出之路。因为其中的"丝绸"是一种产品而不只是一种原材料。它反过来又要求，必须把中国打造成一个产品和精品的出国口。它自古就是一条产品和精品的输出之路。中国现在也已经完全有财力和能力来打造更多和更好的中国制造的产品甚至精品，如同当初的高档品和奢侈品的"丝绸"一样。"丝绸之路"本身就内含有一个明确的"产品之路""浙江产品之路"和"中国产品之路"。"绸"是浙江的丝中佳品。这就需要打造能够影响世界的中国产品。由此也决定了，"丝绸之路"，无论是陆上还是海上，无论是古代还是现代，都应该是一条向世界输送中国产品之路，而不应该只是引进西方产品之路，应该是一条调配全球资源之路。2016年9月3日在杭州召开的二十国集团工商峰会开幕式上，习近平发表主旨演讲时说："中国的发展得益于国际社会，也愿为国际社会提供更多公共产品。"② 后来在给2017年9月15日在上海召开的第二届中国质量大会的信中，习近平说："质量体现着人类的劳动创造和智慧结晶，体现着人们对美好生活的向往。今天，中国高度重视质量建设，不断提高产品和服务质量，努力为世界提供更加优良的中国产品、中国服务。"③ 近来，又由"一带一路"引起和引发对中国产品

① 习近平：中国的发展是世界的机遇＿中国网（http://www.china.com.cn/news/2017-01/21/content_40150368.htm）
② 习近平：中国愿为国际社会提供更多公共产品＿人民网（http://politics.people.com.cn/n1/2016/0903/c1001-28689064.html）
③ 习近平为中国质量"代言"为什么党中央国务院如此重视这个大会？＿央广网（http://news.cnr.cn/native/gd/20170916/t20170916_523952103.shtml?from=single-message）

经济的思考，习近平在十九大报告中说："必须把发展经济的着力点放在实体经济上。"没有现代的实体经济就没有现代的产品精品。

5."搭乘发展"思想。

中国经济增长是世界经济增长的重要动力。世界对发展的需求又是中国发展的驱动力。[①]为中国和世界搭建发展机遇有四条路径：路径之一是"21世纪的海洋世纪"，路径之二是中国发展需要转型升级，路径之三是国际经济发展需要新路，路径之四是全球需要"生态发展"。其中，海洋能源就是一种生态能源。而现有能源，无论是木能源、煤能源、水能源，还是油能源、气能源、矿石能源，都属于非生态能源，甚至都是污染可能型能源。现在，全球距离一个海洋能源的态势还有距离。当前还是以遍及全球的海上能源之路为主。只有大的能源船只，才能使全球的能源得到均匀地使用，其能源成本才有可能降至最低。而习近平的"欢迎各国搭乘中国发展'顺风车'"的思想几乎已经覆盖世界每个角落。最早说出这个说法是在2014年8月22日习近平出访蒙古，在蒙古国国家大呼拉尔发表演讲时。他说："中国愿意为包括蒙古国在内的周边国家提供共同发展的机遇和空间，欢迎大家搭乘中国发展的列车，搭快车也好，搭便车也好，我们都欢迎，正所谓'独行快，众行远'。"[②]接着几乎在所有的国际场合都会重申这个说法和具体做出这种布局，如2014年9月2日在接见罗马尼亚总理的时候[③]，2014年11月在北京钓鱼台国宾馆举行的加强互联互通伙伴关系对话会上，2014年11

---

① 习近平：携手追寻中澳发展梦想 并肩实现地区繁荣稳定——在澳大利亚联邦议会的演讲（2014年11月17日堪培拉，澳大利亚议会大厦）
② 习近平：欢迎搭乘中国发展的列车＿新华网（http://www.xinhuanet.com/world/2014-08/22/c_126905369.htm）
③ 习近平会见罗马尼亚总理蓬塔＿人民网（http://paper.people.com.cn/rmrbhwb/html/2014-09/03/content_1473328.htm）

月 22 日在楠迪同斐济、密克罗尼西亚联邦、萨摩亚、巴布亚新几内亚、瓦努阿图、库克群岛、汤加、纽埃等太平洋岛国领导人举行集体会晤时[1]，2015 年 9 月在纽约联合国总部出席第 70 届联合国大会一般性辩论时，2015 年 11 月 7 日在新加坡国立大学发表演讲时[2]，2016 年 11 月 26 日在秘鲁国会发表演讲时[3]，2017 年 1 月 17 日在世界经济论坛 2017 年年会开幕式上发表主旨演讲时[4]。中国"欢迎世界各国搭乘中国发展的快车"。现在世界上从发展的角度可以分为三部分。一是发达国家——发达国家其实已经不发展了。它只是在发展基础上的平稳和快速地运行。它们也可以说是已经发展过的国家。二是还在等待发展的国家——它们或者是非洲国家，或者是拉美国家，或者是南太平洋岛国，虽然过去已经有所发展，但对于相对发达的西方国家来说它还有很大的发展空间，甚至还可以把它们归属在还没有发展的范围内。三是发展国家——现在还在发展的国家已经不多，还有较大发展劲头和潜力的国家更是少见。而中国的势头还很强劲，并且正在急速地跨上一个新的台阶。习近平的潜台词是，敌对势力不要对中国的发展加以遏制。用"蝴蝶效应"的理论来看世界，遏制一个国家的发展，也就会遏制自身的发展。

6. "方式发展"思想。

对"发展"，习近平讲过如下观点：世界上没有放之四海而皆准的发展模式，也没有一成不变的发展道路。这意味着，我们一定要走出一

---

[1] 习近平同太平洋岛国领导人举行集体会晤并发表主旨讲话 _ 央视网（http://news.cntv.cn/2014/11/22/ARTI1416655514066941.shtml）

[2] 习近平：欢迎周边国家搭乘中国发展"快车""便车" _ 新华网（http://www.xinhuanet.com/world/2015-11/07/c_1117070255.htm）

[3] 欢迎搭乘中国发展"顺风车" _ 人民网（http://politics.people.com.cn/n1/2016/1126/c1001-28897449.html）

[4] 欢迎搭乘发展"快车"习近平达沃斯派中国红利 _ 中国新闻网（http://www.chinanews.com/gn/2017/01-18/8127991.shtml）

条具有自己特色的发展道路。我们应该创新属于自己的发展之路。"21世纪海上丝绸之路"的"21世纪"是一个时代概念。到21世纪后才发展起来的国家至今还没有突显和成形出来。现在有的成功和成熟的发展模式都是属于20世纪的；"海上"是需要重新界定为可以大力促进发展的一个路径。通过海上得以发展是人类17—19世纪的事情。到进入20世纪后，海上发展逐渐降到了一个次要位置。在几乎整个20世纪中，发展的主要途径都放在了空中。利用空中的飞机发展，既有优势——速度快，但也有劣势——载量小而费用高。"一路"不是对过去海上之路的简单重复，而是要创一条新路，一条"全面发展""开放发展""合作发展""共赢发展"的集合之路。其中，"全面发展"针对的是"局部""局面"和"局势"的发展，而"共赢发展"针对的是一种占领性、利益性和掠夺性的发展。至今比较成熟的发展都是一种占领性、利益性和掠夺性的发展。但这种发展模式严重不适应21世纪的发展态势。与传统的"海丝之路"是一条发财之路不同，"一路"是一个海上发展方式。它不仅包含国家经济发财，而且还包含人及人类的全面发展。其实，无论是中国还是世界都需要一种"全面发展"的方式、态势和形势。同时还需要一种"开放发展"的方式、"合作发展"的方式、"共赢发展"的方式。[①] 其中，合作的方式及其态势一般有五个层次：一是争议的合作，二是和气的合作，三是平等的合作，四是互利的合作，五是共赢的合作。"中国愿在平等互利的基础上"，达到"合作共赢"。"发展"是对"拓展"的发展，"拓展"是对"发展"的拓展。[②] "中国要发展，世界都要

---

① 习近平在中央政治局第三次集体学习时（2013年1月28日）强调，"坚持开放的发展、合作的发展、共赢的发展"。

② 习近平：中国愿同东盟国家共建21世纪"海上丝绸之路"_新华网（http://www.xinhuanet.com/world/2013-10/03/c_125482056.htm）

发展";一方的发展都在为另一方的发展提供了机会、能源和市场。习近平的"争取和平国际环境发展自己,又以自身发展维护和促进世界和平"①的设想对国际社会很有感召力。

(七) 治理思想:"一路"的倡议是为了参与海洋治理乃至全球治理

这是习近平新时代中国特色社会主义思想的一个核心思想。它其实还是一种思维方式,渗透在习近平对一切问题的思考中,也渗透在对中国国家发展海洋之路的思考中。习近平新时代中国特色社会主义海洋思想的治理思想有两个特点应该尤其引人注目和重视。一是与他一般思考问题的方式一样,既突显了其中的"四字形",又突出了其中的"从严性"。这是对"治国理政"四字和"从严治党"的本质感悟的结果,也是习近平对中国传统治理理论和西方现代治理理论的继承和发展。中国传统治理理论是一种对管理失效后出现的病态采取措施的理论。西方现代治理理论是一种对社会运行当中出现的综合征进行多方面、多主体、多角度管理的理论。但现实是,"治理赤字,是摆在全人类面前的严峻挑战"。这是习近平2017年"5·14"讲话中的一个重要观点。从习近平的"治国理政"思维中可以看出,他的"治理思想"是既把"治"和"理"分开,又是把"治"和"理"综合起来的思想。其中,"治"是需要"从严"的,如"从严治党"。它具有"猛击一掌,大喝一声"的警醒刺激性,是对以往思维和运行方式和状态的调整。但"理"是需要激励和激活的。这些虽然也需要刺激,但是一种激活性的刺激,不是一种遏制性的刺激。二是它的国际性、整体性和综合性。在习近平新时代中国特色社会主义思想中,海洋思想是最能体现他的国际视角、世界思维和全

---

① 习近平在中央政治局第三次集体学习(2013年1月28日)上的讲话。

球视域，也最能体现他的整体性和综合性的思考和思想，也最符合时代特性、特征和特点以及国际潮流。因此，习近平在把他的"四字形""治理思想"运用到海洋上就会形成一个在海洋经济的发展问题上究竟要"治什么"和要"理什么"的思考和思想。

从 2013 年 10 月 3 日上午印尼国会上发表的重要演讲，2014 年 3 月 23 日荷兰《新鹿特丹商业报》发表的署名文章，2014 年 11 月中下旬出访南太等 80 余场外交活动，2015 年 4 月 22 日在纪念万隆 60 周年的亚非领导人会议上的讲话，2017 年访问芬兰与芬兰总统尼尼斯托的会谈内容中都可以看到，习近平"治海理球"的思想。这是一个通过治理海洋，进而来理顺全球即国际秩序的思维和思想。在过去的一般全球运行中，只是一种国与国之间的和陆地与陆地之间的秩序。即使有海洋的因素和作用，也是辅助和服务于国家和陆地的。海洋始终是一个次要地位和薄弱环节。但随着海洋时代的到来，海洋的地位和作用发生了异变和质变。从 21 世纪起，全球秩序将是一个以海洋秩序为主并且海洋秩序裹挟陆地秩序的秩序状态。由此再来看习近平在访问芬兰时所说的话就会发现，其含义深邃。习近平说，中芬两国要以"双方重申相互尊重主权和领土完整，坚持相互尊重、平等相待原则，照顾彼此核心利益和重大关切"的原则来促进两国关系的发展，以达到"双方同意加强在国际和地区事务中的沟通和协调，维护世界和平稳定，推动全球治理体系朝着更加合理的方向发展，共同为构建创新、开放、联动、包容的世界经济做出新贡献，改善全球经济治理，推动落实 2030 年可持续发展议程，积极参与气候变化多边进程，加强北极事务合作"的目的和效果。[1] 这

---

① 习近平同芬兰总统尼尼斯托举行会谈_新华网（http://www.xinhuanet.com/world/2017-04/05/c_1120756162.htm）

个思想是习近平新时代中国特色社会主义思想在海洋治理和全球治理等问题上的展开。习近平早在 2013 年的"1·28"十八届中央政治局第三次集体学习会上就明确阐述过这样一个观点："我们将坚定不移做和平发展的实践者、共同发展的推动者、多边贸易体制的维护者、全球经济治理的参与者。"①

应该看到，自进入 21 世纪起，全球的运行秩序正在挑战地球人的智慧。究其原因，以往的地球秩序还是一种陆地思维的秩序，称为人类居住的星球为"地球"就是这个思维最典型的表现。这种思维具有很大甚至有极大的局限性。因为陆地毕竟只占全球表面积的 29%，占另外71% 表面积的是海洋。所以，陆地思维只是一种少数和局部的思维。只有海洋思维才是一种带有全局性和全球性的思维。其实，从 20 世纪第二次世界大战开始，海洋已经成为争夺的对象和焦点，并且从第二次世界大战开始，这种争夺就一直没有停止过，一直到 20 世纪 80 年代的两个海岛战争——1982 年在大西洋上英国和阿根廷之间的"马岛之战"和 1988 年在中国南海上中国和越南之间的"南沙之战"。1982 年的《联合国海洋法公约》是对第二次世界大战以后海洋矛盾、冲突和战争的思考、反思和总结。但现在看，这个公约虽然在海洋管理上还是起了不少的作用，但随着进入 21 世纪海洋时代后，其不适应性也逐渐明显。所以，中国选择海洋的发展之路，选择海洋之路中又有一条"21 世纪海上丝绸之路"，足见以习近平同志为核心的党中央的深谋远虑。

2013 年在印尼国会上，习近平发表重要的"10·3"演讲时提出了如下几层观点：一是"中国倡议筹建亚洲基础设施投资银行"，二是"中

---

① 习近平：坚持和平发展但决不放弃正当权益、牺牲核心利益_国际在线（http://news.cri.cn/gb/27824/2013/01/29/6611s4006382.htm）

国愿同东盟国家加强海上合作",三是"共同建设21世纪'海上丝绸之路'"。2014年11月9日在北京国家会议中心举行的亚太经合组织工商领导人峰会开幕式上,习近平发表演讲《谋求持久发展 共筑亚太梦想》说:合作,尤其是"最为活跃"的"合作","是世界经济复苏和发展的重要引擎"。"大时代需要大格局,大格局需要大智慧"。中国要"有责任为本地区人民创造和实现亚太梦想。这个梦想,就是坚持亚太大家庭精神和命运共同体意识,顺应和平、发展、合作、共赢的时代潮流,共同致力于亚太繁荣进步;就是继续引领世界发展大势,为人类福祉做出更大贡献;就是让经济更有活力,贸易更加自由,投资更加便利,道路更加通畅,人与人交往更加密切;就是让人民过上更加安宁富足的生活,让孩子们成长得更好、工作得更好、生活得更好"。这要求必须"携手打造"一个"开放型亚太经济格局。开放带来进步,封闭导致落后。"为此,我们不能"因循守旧、满足现状"。①

(八) 全面思想

"四个全面"战略布局的形成,充分反映和体现了习近平思维和思想的全面性、系统性和整体性。习近平把"海陆统筹"和"经略海洋"联系起来考虑的思路经历了如下六个发展阶段:一是2013年7月30日在中共中央政治局第八次集体学习上的讲话;二是在2013年10月3日上午在印度尼西亚国会上的重要演讲;三是2014年6月27日在第五次全国边海防工作会议上的讲话;四是2014年11月10日在亚太经合组织工商

---

① 谋求持久发展 共筑亚太梦想 _ 人民网(http://cpc.people.com.cn/n/2014/1110/c87228-26000526.html)

领导人峰会上的我们需要"精心勾画"出一幅"全方位互联互通蓝图"①的讲话;五是 2014 年 11 月 22 日在楠迪同斐济总理姆拜尼马拉马、密克罗尼西亚联邦总统莫里、萨摩亚总理图伊拉埃帕、巴布亚新几内亚总理奥尼尔、瓦努阿图总理纳图曼、库克群岛总理普纳、汤加首相图伊瓦卡诺、纽埃总理塔拉吉等太平洋岛国领导人举行集体会晤上的讲话;六是 2015 年 4 月 22 日在纪念万隆 60 周年的亚非领导人会议上的讲话。

1. "全面之路"思想。

习近平在会见澳大利亚总督时曾经讲过这样两个观点:一是"建设全面战略伙伴关系";二是建立一个"全方位、立体化的合作格局"。② 其中的"全面""全方位"和"立体化"都是思维方式概念。"全面"和"全方位"属于"面思维","立体化"属于"体思维"。从思维方式看,"面思维"是"体思维"的基础,"体思维"是对"面思维"的超越,"面思维"是对"线思维"的跨越。人们一般很容易被局限在一个"线思维"甚至"点思维"里而不能自拔。从"面思维"看"一路",它就不仅是一条经济的线路,还是一条具有国际政治效应的线路;它不仅是一张经济牌,还是一张政治牌;由此看"一路",它就是一个国际政治合作的新平台。

其实,这种"全面海洋"的思想,在国内治理中也有体现。在 2015 年 6 月 5 日召开的中央全面深化改革领导小组第十三次会议上,习近平再次强调了要树立一个"改革全局观"③ 的问题。与传统的"海丝之路"是一条狭线和窄线之路不同,"一路"不仅是一条宽阔的平面和平坦之

---

① 谋求持久发展 共筑亚太梦想 _ 人民网(http://cpc.people.com.cn/n/2014/1110/c87228-26000526.html)

② 习近平会见澳大利亚总督科斯格罗夫 _ 新华网(http://www.xinhuanet.com/world/2015-03/30/c_1114813052.htm)

③ 习近平总书记在中央全面深化改革领导小组第十三次会议(2015-6-5)重要讲话。

路、一条"建设全面战略伙伴关系"①之路,更是一条即将发挥"全面"
作用和效应之路。"全面"是对"局部"和"局面"的超越。对"局部""局
面"和"局势"的问题,一定要用"全面思维"才能彻底解决。这也是
一种"全方位、立体化的合作格局"②之态。从中可以看出,习近平崇
尚的是一种"尊重、信任、平等、友好、合作、互利、共赢"③的全面
海洋观。这是在"坚持走依海富国、以海强国、人海和谐、合作共赢的
发展道路"④基础上的发展。其基础是一种"面性思维",是对"线性思
维"和"点性思维"的发展。在"一路"上,"线"是航线,"点"是港口,
而"面"是指海域。地球上的海域分为三个层次:一是海域,二是洋域,
三是球域。它的"面"里藏"线",而"线"又由"点"组成,再由"港口
点"去带动一个"国家面"的发展,由此形成了"一路"是一条新路的
状态。要达到这个新路态,就必须开发沿路各国特别是各个亚非拉国家
的各种资源,必须推动一种"团结、友谊、合作的万隆精神"⑤。

2. "全球海洋"思想。

只有海洋是全球性的。只有从海洋思维的角度去看全球,才能看
出其一体性。从 2013 年 "10·3" 在印尼国会上的重要演讲、2014 年 3
月 23 日在荷兰《新鹿特丹商业报》上的署名文章和 2014 年 11 月中下旬
出访南太 80 余场外交活动中都可以清晰地看出习近平的这个全球思想。
从印度洋东侧到大西洋北部到南太平洋的形成可以看出,"一路"是一

① 习近平会见澳大利亚总督科斯格罗夫时指出。
② 习近平会见澳大利亚总督科斯格罗夫时指出。
③ 习近平:真诚的朋友,发展的伙伴_人民网(http://politics.people.com.cn/
n/2014/0915/c1024_25658338.html)
④ 习近平:进一步关心海洋认识海洋经略海洋 推动海洋强国建设不断取得新
成就_新华网(http://news.xinhuanet.com/politics/2013-07/31/c_116762285.htm)
⑤ 习近平弘扬万隆精神 推进合作共赢——在亚非领导人会议上的讲话_人
民网(http://politics.people.com.cn/n/2015/0423/c1024_26889416.html)

个具有全球性的国家倡议。这将远远跳出和超越传统的布局。传统的海上丝绸之路只是走到了非洲的东海岸，而现在对"一路"的一般性理解却不包括非洲。从习近平在纪念万隆60周年的亚非领导人会议上讲话中看出，"一路"不仅要包括非洲，而且要包括拉丁美洲和位于南太平洋的澳洲，还应该包括一个通过白令海峡左走右行的北冰洋丝绸之路。其中，左走涉及俄罗斯，右行涉及加拿大。其实，这个"全球之路"也是经过两千余年历史演变到21世纪中叶才会最终形成的，而这个"全球思想"原则上至今还只是一个梦想及构想。"海上丝绸之路"至今已经走过"东洋之路""南洋之路""西洋之路"和"大西洋之路"的阶段，目前正在拓展性地行走"太平洋之路"，之后才会出现一个"全球之路"。它是从北冰洋走向世界各地的一个具有全球效应之路。

与传统的"海丝之路"是一条"历史之路"和"局部之路"不同，"一路"将是一条可以覆盖全球和触及全球角落之路。这也是一条立体之路。它还包含多个平面之路。可以设想出，还有一条随着北冰洋冰层的融化而形成的经过白令海峡左走右行的航路。一条由海路、陆路、空路与商贸路、文化路、公共路、保障路复合而成的立体之路。不仅要开辟新的航路，而且还要创新新的制度和新的体制，更需要创新一个结伴的方式。这些都是习近平新时代中国特色社会主义海洋思想的主要观点。

（九）习近平海洋思想的历史地位：伟大的时代既产生又需要伟大的思想

随着"一带一路"倡议特别是"一路"倡议的推进，随着中国国际地位和全球作用的越来越高越大，习近平新时代中国特色社会主义海洋思想的历史地位也越来越重要。在2018年3月的中国两会上，习近平的海洋思想又有了新的发展:"海洋是高质量发展战略要地。要加快建设世界一流的海洋港口、完善的现代海洋产业体系、绿色可持续的海洋生态环境,为海洋强国建设做出贡献。"①这是他在参加山东代表团审议时讲话的一个重要内容。习近平新时代中国特色社会主义海洋思想形成经历了如下过程及其阶段:一是2013年的"1·28"讲话,在十八届中央政治局第三次集体学习会上。二是2013年的"7·30"讲话,在十八届中央政治局第八次集体学习会上。三是2013年的"10·3"演讲,在印尼国会上。四是2014年的"11·10"演讲,在APEC的北京会议上。五是2016年9月,在G20杭州会议上的讲话。六是2017年的"5·14"演讲,在"一带一路"国际合作高峰论坛上。七是2017年9月4日,在厦门金砖会议上的讲话。八是2017年的"10·18"报告,在中国共产党第十九次全国代表大会上。这些讲话反映了习近平海洋思维变化、形成的过程:完成了从"战略"到"经略"再到"方略"的转化和变化。

习近平新时代中国特色社会主义海洋思想是中国从"富起来"通过"海洋强国"达到"强起来"目标的指导思想。它的逻辑关系前提是,海洋在中国"站起来"和"富起来"的历史进程中的作用还是微小的,甚至是微不足道的。这是很多中国人对发展海洋经济的重要性还缺乏认识的原因所在。在中国"强起来"的历史进程中,海洋既是一个不得不重视的、又是一个绕不过去的要素。这是习近平新时代中国特色社会主义海洋思想最伟大的历史作用和意义。一定要看到,中国发展海洋经济和使海洋经济发达起来是一个"强国"目标。这是一个在"富起来"状态中用一种"富起来"思维难以理解的一种境界。这是很容易被混淆的两个

---

① 习近平参加山东代表团审议＿中青在线(http://news.cyol.com/content/2018-03/08/content_17004895.htm)

概念。把"强起来"从"富起来"中区分出来和独立出来，就是习近平新时代中国特色社会主义思想对中国发展所做的一个重大理论贡献。自习近平 2013 年倡议"一带一路"尤其是"一路"以来，"一路"就是习近平为中国开创了一个"海洋强国"的路径。"依海"和"以海"的程度强了，既是国家强大的标志，又是国家强大的路径。中国也由此将开创一个属于自己的海洋时代。这个时代将带领世界进入一个崭新的海洋时代。

仅在十九大报告中，习近平提"海"就提了 13 次。这是对"强国"方案及其路径的创新。在十九大报告中，习近平还提出了一个系统的和完整的也具有较强操作性的"强国方案"。它是一个达到"社会主义现代化强国"目标的系统的、立体的和整体的路径，而"海洋强国"是其中一个重要的"强国"子路径。由此，中国也在概念和意识中完成了一个由"兴国"到"强国"的转变。在十九大报告中，提"兴国"只有两处——"坚持实施科技兴国"和"必须坚定不移把发展作为党执政兴国的第一要务"。那么，又怎么走这个"强国"路径呢？创新是关键。"创新"不仅是"十三五"规划的五大发展新理念之首，还是在 2018 年 3 月两会期间习近平再次强调的主题。而"一路"就是国家海洋发展之路创新的结果。创新主要是要创新一种思路。思路决定出路，没有思路就没有出路。习近平的贡献在于，非常智慧地告诉国人和地球人，海洋是中国再发展和世界再发展之路。

中国特色社会主义又从一个"富起来"的时代进入了一个"强起来"的时代。这是一个在政治体制上社会主义初级阶段中的"新时代"。无论是"海洋时代"还是"强国时代"，都是既需要又产生了习近平新时代中国特色社会主义思想的。其实，"新时代"历来就是一个变化的概念。有不同阶段和不同领域的"新时代"。政治上"新思想"的产生是社会上"新时代"形成的标志。现在，在习近平新时代中国特色社会主义思想指导下，中国外交也进入了一个"新时代"。它以俄罗斯和美国等大国元首接连访华作为标志。有报道说，十九大之后外国政要正在排队访华。这又是一个需要统领又产生统领的"新时代"，而它又确实离不开从世界范围看地理上的另一个"新时代"的到来所形成的裹挟力。这个地理上的"新时代"有如下两大特点：

一是一个海洋时代的特性。这是习近平新时代中国特色社会主义海洋思想形成的时代背景和时代特性。这也与中国人正面临一个怎样的发展时代有关。这又是一个什么样的新时代呢？人类的脚步已经踏进了 21 世纪。21 世纪是一个海洋时代。这也是人类的一个最新的"时代"。之前人类已有一个陆地时代和一个由陆地到海洋的过渡时代。公元 1500 年之后，人类才进入了这个过渡阶段。只有在海洋时代里才会有一个完整和系统的海洋意识。海洋意识产生海洋思维，海洋思维又产生海洋思想。没有海洋的思维和思想，还不是 21 世纪的时代思维和时代思想。习近平新时代中国特色社会主义思想因为有了"海洋思想"才具有了时代特点，才能算一种时代的思想，才能在海洋时代中发挥作用。这决定了"海洋国家"和"海洋社会"就不仅是一个地理概念，还是一个制度概念，更是一个心理概念。在心理中，有潜意识、显意识、意念和意志。所谓海洋时代，从心理角度看，它就是一个海洋生态的时代，以是否生态地利用海洋作为标准。要充分认识到，海洋生态对"地球是人类家园"的重要作用。海洋时代不仅需要海洋思维，也产生了海洋思维。在习近平新时代中国特色社会主义海洋思想中就有浓厚的海洋生态的思想。

那么，思考和思想又怎么体现了一种海洋思维呢？可以从对"亚太"概念的理解中体现出"海洋思维"来。从陆地思维看"亚太",即Asia-Pacific,它就是一个以亚洲为主,以太平洋为辅的状态。如果从海洋思维看 Asia-Pacific,即"亚太",它就是一个以太平洋为主,以亚洲为辅的状态。在海洋时代中,这种状态可能会更加明显甚至更加强烈和浓厚一些。这是以习近平同志为核心的党中央在考虑了国家的海洋战略利益后才提出"一带一路"倡议的。这是可以从习近平几乎所有的海洋讲话中得出的一个印象。在海洋时代中,海洋事业的落后才是真落后。习近平在十九大报告中谈到了"南海岛礁建设""海上维权""台海和平稳定""陆海统筹""海洋强国""流域环境和近岸海域综合治理""海晏河清"等问题及其工作。这些工作都属于"海洋权益"的范畴,而不仅是一个"权力"范畴。

二是一个太平洋时代的特性。这是习近平新时代中国特色社会主义海洋思想对马克思主义的继承和发展。人类要进入一个太平洋时代,是马克思主义早在19世纪中叶所做的一个预言。"在1849年恩格斯为《新莱茵报》写作的《民主的泛斯拉夫主义》和1850年马克思为《新莱茵报》写作的时评中,他们就论述了由于美国发展而导致的全球经济中心的转移,并预言这会导致大西洋地区日益衰落,人类将迎来太平洋时代。另外,在《共产党宣言》《资本论》等著作中,马克思和恩格斯也表达了随着新大陆发现、西方国家对中国的侵略,人类经济活动中心将向太平洋地区转移的观点。"① 其中,"西方国家对中国的侵略"主要指的就是1840年英国从大西洋到达太平洋对中国发动的鸦片战争。美国人1898年占领夏威夷和菲律宾是人类进入太平洋时代的标志。第二次世界大战中的太平洋战争又使这个太平洋时代发生质变。变化出一个从

① 张峰.马克思恩格斯论太平洋时代 [J].学术论坛,2014(12).

APEC 到 TPP——虽然特朗普总统现在已经终止了这个谈判,再到"亚太自贸区"都是针对太平洋时代的产物。它们都不仅预示着,一个太平洋时代的全面到来,还包括一个以地球上最大水域为中心的时代。它的到来也是海洋时代到来并且成熟的标志。最能说明这种状态的是现在中国人常用的那张世界地图。之前有大西洋时代和地中海时代,之后还有一张竖版世界地图。习近平曾经多次与美国人谈同一个话题:"太平洋足够大,完全容得下中美两个国家。"所以,以"一路"倡议思想为核心的习近平海洋思想就是完全体现了海洋时代的基本特性。其中,无论是"中国突围说",还是"全球治理说",从效果的角度看,可能都有,但动机一定有主次。"突围说"难免有一种很强的被动感,"治理说"则是一种主动感。因此,一定要从"一路"中看到它的"海洋强国"的功能和效能、能量和能力。习近平海洋思想的"一路"思想包含有这样几层内涵:一是它的"海上"性,二是它的"丝绸"性,三是它的"21世纪"性。同时,"丝绸之路"又可分出两路来。一路是"中国之路"。"丝绸"一直都是中国的象征或者代表。另一路是"产品之路"。"丝绸"是一个产品概念,不是一个原材料概念。只有把它们都实现了,中国才能"强起来"。"强起来"的进程一定会在"一带一路"倡议的推进中逐步和逐渐地得以践行和实现,以此来实现并完成"强大了"的艰巨任务,进而完成一个"社会主义现代化强国"的目标任务。

习近平新时代中国特色社会主义思想是中国共产党指导思想中海洋思考最多、海洋思维最浓、海洋思想最深邃、海洋方略最丰富、海洋时代最贴近的指导思想。它将设计、构筑和驾驭"21世纪海上丝绸之路"倡议顺畅地推动和推进下去,使得中国和整个世界由此走进一个名副其实的崭新的海洋时代。

二、案例研究

由于地理位置的特殊性，浙江海洋经济在全国海洋经济中的地位具有不可代替性。从杭州湾南岸的长达 200 余公里的"新石器文化带"考古发现中，就可以看到海洋经济最早的雏形。再从 1840 年英国人对舟山定海打出的第一声炮响和到 20 世纪六七十年代在嵊山渔场集结捕获冬季带鱼的有来自南方的浙江、江苏、福建、台湾省以及上海市和北方的辽宁、河北、山东、天津等省市的渔船多达 1 万艘、渔民多达 15万人以上的场景，再到进入 21 世纪后作为国家首个海洋经济主题新区"浙江舟山群岛新区"的设立和连接长江经济带与"一带一路"的"舟山江海联运服务中心"、中国（浙江）自由贸易试验区落户舟山，都可以清晰地看出，浙江海洋经济在中国海洋经济中独特的地位和作用。

浙江海洋经济的发展在进入 21 世纪后进入了一个新常态。这与习近平在 21 世纪初期在浙江任省委书记时对海洋经济的布局密切相关。经过 15 年的发展，现在浙江海洋经济在贸易经济、船舶经济和港口经济上发展突出，成绩显著。在贸易经济方面，宁波、温州和义乌商人，不仅国内著名，对世界也影响很大。在船舶经济方面，有民间船舶制造企业。在港口经济方面，有海水港和无水港，宁波—舟山港已经连续 9年成为世界货物吞吐量第一大港。[1]

---

[1] 自在 2009 年被宁波—舟山港超越以来，至今宁波—舟山港已经连续 9 年蝉联世界港口吞吐量第一的位置。宁波—舟山港的发展势头强劲，大有把其他港口甩在身后的趋势，在 2016 年宁波—舟山港的吞吐量达到 9.2 亿吨，排名第二的上海港仅仅 5.93 亿吨，差距超过 3 亿吨。参考：世界港口吞吐量排名第一：宁波舟山港 _ 中国物通网（http://www.chinawutong.com/baike/109526.html）

(一) 渔业

海洋渔业是浙江海洋经济的传统项目，也曾是浙江海洋经济的标志性项目，"舟山有带鱼，带鱼很好吃"的概念已经深入人心。渔业的发展关乎人类的生活。渔业的方式方法和程度都与海洋生态密切相关。渔业是人类在海洋上的主观和主动的行为。作为人类与海洋的重要关系地，浙江海域的渔业经济既具有特殊的个性，又具有普遍的共性，尤其需要把握渔业的科学性。它不仅是一个产量和产值的概念，还是一个生态和安全的概念。

1. 近海渔业。

浙江海洋渔业经济的发展分为两个阶段，从纯粹的近海渔业到远洋和近海渔业参半甚至远洋渔业超过近海渔业的状态。变化有如下特点：一是对虾、海蜇、梭子蟹等捕捞产量呈现一个逐步增加的趋势，其中尤其是三疣梭子蟹产量的增幅最为明显；二是多年未见的曼氏无针乌贼又"游"回了百姓的餐桌；三是已近绝迹的大黄鱼也时有零星渔获。这主要得益于延长伏季休渔期和增殖放流。渔业增殖放流使舟山沿岸岛礁海域渔业资源衰退势头得到了一定程度的遏制。浙江省舟山市是全国最大的海洋渔业捕捞、销售、出口基地。近海捕捞业是其传统产业和民生产业，在国民经济和社会发展中有着重要地位。但自20世纪七八十年代起，过度捕捞导致渔业资源衰退、生态环境恶化，东海渔场中的舟山渔场的传统四大经济鱼类中的大黄鱼、小黄鱼、墨鱼濒临灭绝，唯一幸存的带鱼资源也岌岌可危，"无鱼"成为东海之殇。[1]

---

[1] 徐博龙. 舟山今年梭子蟹产量比上年同期增长30%以上 坚持36年增殖放流显成效 [N]. 舟山日报，2017.

为恢复东海的渔场资源,浙江省以舟山市为主开始向大海进行渔业增殖放流。这个增殖放流经过1982年、1993年、1999年、2004年、2012年和2017年等阶段后,已经开始收到初步效果。1982年时,舟山市渔业主管部门以刚刚在沿海兴起的中国对虾人工养殖技术培育出来的对虾苗作为放流品种在普陀朱家尖附近海域放流1厘米左右的对虾苗54万尾、8—10厘米大规格对虾1100尾为标志。自此之后,每年坚持增殖放流,到1993年达到高峰,到1999年首次组织增殖放流大黄鱼,到2004年农业部和省海洋与渔业局相继设立渔业资源增殖放流专项资金[①],到2012年8月11日普陀区桃花岛渔民8艘渔船一水[②]就捕获了大黄鱼近10吨[③]。增殖放流取得的生态、经济和社会效益,引起了上级政府和主管部门的高度重视。再到2017年7月初以农业部领导、省领导、市领导参加的和渔民、学生代表一起共同向普陀莲花洋海域增殖放流大黄鱼苗种1000万尾的活动为标志,标志东海渔场中的舟山渔场增殖放流达到了一个新高度和新常态。2017年舟山全市各地共增殖放流大黄鱼、黑鲷、黄姑鱼、海蜇、日本对虾、梭子蟹各类水生生物苗种多达8亿余尾。[④]

东海鱼类资源面临枯竭已是不争事实。以大黄鱼为例,1957年浙江的大黄鱼年产量曾一度接近17万吨,但最近资料显示,2011年浙江捕捞的大黄鱼仅0.28万吨,仅为半个多世纪前的1/60。况且,现今的

---

① 到2017年,仅舟山全市每年渔业资源增殖放流专项资金投入就在1000万元左右。

② 这是海洋渔业捕捞中俗称的一个时间概念,一般在半个月左右,是指出去捕鱼到回来的时间概念,与船上储备的生活资源供给的时间有关。

③ 其中单船最高产量达2吨之多,产值200余万元,创下了舟山渔民一水单船最高产值的新纪录。

④ 徐博龙.舟山今年梭子蟹产量比上年同期增长30%以上 坚持36年增殖放流显成效[N].舟山日报,2017.

海上捕捞船无论是在设备上还是数量上，都与当年不可同日而语。^① 根据农村农业部海洋伏季休渔要求，2019年东海海域禁渔期变为了5月1日12时到9月16日，长达四个半月。这是1995年实行海洋伏季休渔制度以来，最严也是维持时间最长的伏休政策。^② 同时，也要看到，东海渔场的生态由此正在恢复。2018年2月26日，浙岱渔10001的灯光围网船在东海渔场一网下去，捕上来的全是活蹦乱跳的大鱼，粗略估计有10万千克，价值上千万元。^③

2. 远洋渔业。

经过30多年的发展与探索，浙江省舟山市目前已拥有远洋捕捞企业33家、船只464艘，去年远洋渔业产量53.88万吨，是全国最大的远洋渔业生产配套基地、远洋自捕鱿鱼生产基地和输入口岸。^④ 目前浙江出入境检验检疫局辖区内共有35家远洋渔业企业，拥有远洋渔船472艘，捕捞量超50万吨，占中国国内捕捞量的1/5。其中舟山辖区有远洋渔船460艘，台州辖区2017年新增2家，12艘远洋捕捞渔船。^⑤

台州远洋渔业企业捕捞的海域主要集中在印度洋、北太平洋等公海。从台州市海洋与渔业局了解到，截至2016年年底，全市共有远洋渔船的企业3家，远洋渔船61艘、功率5.17万千瓦，远洋渔业产量2.01万吨，远洋渔业产值2.5亿元，增加值0.66亿元。"目前，我市拥有在外经常生产的远洋渔船34艘，其中缅甸项目10艘，伊朗项目17

① 沿着海上丝路去非洲远洋捕捞 舟山渔企走出国门做外企 _ 浙江新闻（http://zjnews.zjol.com.cn/system/2015/05/29/020675636.shtml）
② "史上最严禁渔期"催生浙江远洋渔业发展 _ 中国新闻网（http://www.chinanews.com/cj/2017/06-12/8248839.shtml）
③ 这是依据舟山交通台97频道2018年3月3日15:17报道的新闻。
④ 徐博龙：以舟山国家远洋渔业基地为平台 推进建立中国远洋鱿鱼交易中心［N］.舟山日报，2017.
⑤ "史上最严禁渔期"催生浙江远洋渔业发展 _ 中国新闻网（http://www.chinanews.com/cj/2017/06-12/8248839.shtml）

艘(包括1艘冷藏运输船),非洲安哥拉项目4艘(以捕捞带鱼、沙丁鱼、目鱼为主),印度洋鱿鱼钓项目3艘,入渔国拓展到3个国家,实现从单一的过洋渔业到发展大洋性渔业'零'的突破。""我们公司成立时,每艘生产船投入了2300多万,共计两三个亿。"郭定君说,虽然远洋捕捞每年净利润有三四千万元,但前期的造船成本加上人工成本,导致公司一直处于负债状态,直到今年,才将贷款全部还清。台州也曾出现过不少从事远洋捕捞的公司,最终在市场浪潮中被"淹没",归结原因,还是当时的环境并不适合发展远洋渔业。①

"4艘500吨,1艘1000吨,首批共5艘渔船已经完成了远洋捕捞船舶标准改造,已经出发赴安哥拉海域作业。"方盛华说。这5艘渔船都是大型围网船,捕捞方式对海洋"杀伤性"较大,因此,围网船已被列入"一打三整治"范围,要求3年内必须进行更换。"与其坐以待毙,不如把国内过剩产能转出去。"方盛华规划说。近年来,舟山远洋渔业企业竞相开展跨国渔业合作,越来越多的传统舟山渔民登上远洋大船,前往北太平洋、印度洋、亚丁湾等远洋海域捕鱼。仅今年,舟山至少将有20艘大型远洋渔船分赴"21世纪海上丝绸之路"沿线国家进行过洋性远洋渔业。舟山传统渔业一个航次一般在一周到两周之间,而赴非洲过洋性远洋捕捞从出海到最后返航回到舟山,一个周期需要整整两年。同时,不只是船只需要升级,人员也需要"升级"。②

3. 水产加工业。

浙江具有世界最大渔场的物理条件、生产方式、生活习惯和历史传

① 台州渔船赴非洲捕捞沙丁鱼 远洋捕捞前期投入很高 _ 浙商网(http://biz.zjol.com.cn/zjjjbd/cjxw/201708/t20170824_4865220.shtml)
② 沿着海上丝路去非洲远洋捕捞 舟山渔企走出国门做外企 _ 浙江新闻(http://zjnews.zjol.com.cn/system/2015/05/29/020675636.shtml)

承。浙江人在历史上尝试过很多的水产品加工的方法。从理论上讲，水产品加工可以分为鲜吃类、保鲜类、保质类、生态类和精深类。

"华盛渔加1号"① 是中国到2015年时第一艘排水量在2000多吨，具备每小时加工30吨鲜丁香鱼、毛虾等海产品的能力的海上水产干制品加工的"现代渔业航母"船，也是全球第一艘可即时现场水产加工的巨轮。它隶属浙江省温州市瑞安企业华盛水产有限公司。它的业务主要有两项：一是"小鱼小虾"的有效利用加工，二是即时现场水产加工。其中，对"小鱼小虾"的有效利用加工属于生态加工类。它既可以遏制因过度捕捞带鱼、黄鱼等经济大鱼所造成的小鱼繁殖量反而越来越多的海洋生态渔业资源失衡现象的发展，同时还可以产生因品质好但环境资源成本较低而形成的巨大经济价值。对捕捞现场捕获的水产品进行即时加工属于保鲜类加工。它保证了海产品的鲜度和安全性，开创了全新的渔业生产模式。

(二) 盐业

浙江省有最早的建制县——海盐县。秦王政二十五年（前222年）因"海滨广斥，盐田相望"而得其名。在元元贞元年（1295年）还曾经升为过海盐州。

岱山是浙江第一产盐大县，自南宋以来一直以渔盐之利富甲一方。至今，岱山有盐田3.5万余亩。盐田的规模要数岱西盐场与双峰盐场最大。2013年岱山县盐田生产面积2.03万亩，比上年下降4.9%。原盐产量9.49万吨，增长58.4%；原盐销售6.37万吨，下降23.6%；氯化

---

① 小鱼虾激活海上加工业"互联网＋渔业"让新鲜48小时到达_浙江新闻（http://zjnews.zjol.com.cn/system/2015/09/01/020814602.shtml）

钠平均含量 92.97%，平均白度 63.53 度，平均粒度 88.69%，一级品率 79.29%；2013 年年末库存原盐 8.12 万吨，增长 83.7%。高亭镇盐场是岱山县的重点盐场之一，盐质特佳，优一级，品率高，平均氯化钠含量 91.24%，平均白度 58.57%，平均粒度 91.41%，具有色白粒细、味细、速溶的特点，素有岱盐之称，名扬全国。自宋朝起就被列为贡盐。

(三) 港口业

浙江的港口业是进入 21 世纪后才发展起来的，已经成为浙江海洋经济和浙江经济新的增长极。由于港口业的发展，浙江省的业态也转型升级，带动了浙江外贸经济和能源经济的新发展。特别是利用六横岛上深水码头资源，并与华东最大的煤炭储备、配煤及中转码头——浙江舟山煤炭中转码头配套的浙能六横电厂 1 号燃煤发电机组正式投入商业运行以来 [①] 将一改浙江省在能源上的被动局面。该电厂全部建成后，可为整个浙江省新增供电 120 多亿千瓦时。[②]

1. 义乌无水港。

这是中国第一个被列入"国际无水港"的内陆城市。[③] 2006 年 7 月下旬，金华海关义乌办事处与义乌国际物流中心就物流中心的仓库成为海关监管仓库一事，签订了协议。海关对国际物流中心出口货物实行全

① 浙能六横电厂 1 号燃煤发电机组投运　实现超低排放 _ 浙江新闻（http://zjnews.zjol.com.cn/system/2014/07/10/020133544.shtml）
② 燃煤电厂烟尘治理路径升级推广湿式电除尘技术 _ 中国电力新闻网（http://news.bjx.com.cn/html/20120109/335340.shtml）
③ 2013 年 5 月，联合国亚洲及太平洋经济社会委员会第 69 届年会在泰国曼谷召开。在会上，27 个成员国的 240 个城市被确定为国际"无水港"城市也即陆港城市，中国有 17 个城市被列入，分别是浙江义乌，吉林长春、珲春，黑龙江哈尔滨、绥芬河，内蒙古满洲里、二连浩特，新疆乌鲁木齐、霍尔果斯、喀什，西藏樟木，广西南宁、凭祥（友谊关），云南昆明、景洪、瑞丽、河口。参考：实现"无水港"功能，浙江义乌发出首列国际始发港货运专列 _ 网易新闻（http://news.163.com/14/1106/19/AAD0P5MR00014SEH.html）

程监装管理，启运的货物由海关施封后，可以直接运往港口上船。这个协议的签订，不仅可以缩短各家货运公司的货物装箱时间，而且使义乌国际物流中心的货物与上海港、宁波港真正做到了"异地报关、口岸放行"。国际物流中心成了义乌地地道道的"无水港"。①

2014年11月5日夜，一列满载义乌小商品的货运专列经过义乌海关的查验、施封，从义乌西站驶往宁波北仑港。6日下午，专列的货物已直接装船，将通过海运发往欧洲、中东。这是义乌被确定为国际陆港城市以来，作为始发港发出的第一个货运专列。作为全国最大的小商品出口基地和全球最大的小商品集散地，义乌的小商品辐射215个国家和地区。在2014年前3季度，义乌集贸市场成交额就达715亿元，2014年的上半年义乌港集装箱施封量已经达到27.9万标箱。②

宁波—舟山港股份旗下的国际物流公司通过独资、合资、合作等模式，大力布局以义乌等腹地为前站的无水港建设。义乌无水港是国际物流公司在腹地设立的12个无水港之一。在9000平方米堆场上，来自全球排名前20位船公司如"长荣""马士基"和"阳明"等的五颜六色的400多个标准集装箱被高高地堆起。"以前，我们要去北仑港区提空箱，到义乌装满货后再通过公路或铁路将集装箱运往港区。现在有了无水港，可以直接在义乌提还集装箱，起码能节省一半时间，还能省下油耗等各种经济成本。""除了提还箱，无水港还衍生出甩挂业务。"——从仓库到铁路口岸或公路口岸的"最后一公里"，由甩挂车队来完成，实现货物从仓库到港口的无缝衔接，使这条运输产业链更为完善。便捷的无

---

① 义乌"无水港"形成国际大物流_中国公路网（http://www.chinahighway.com/news/2006/154009.php）
② 实现"无水港"功能，浙江义乌发出首列国际始发港货运专列_网易新闻（http://news.163.com/14/1106/19/AAD0P5MR00014SEH.html）

水港服务，让宁波舟山港大海港作用越来越突显。[1] 每年，义乌拥有超过120万标箱的出口量。打造全球一流的现代化综合枢纽港、国际贸易物流中心。[2]

2. "宁—舟"第一港。

这是指货物吞吐量连续9年位居世界第一的宁波—舟山港。宁波—舟山港东临全球最繁忙的太平洋主航道，西靠中国最具活力的长三角经济圈，南北双向辐射中国大陆海岸线，242条航线连接着全球600多个港口，是中国大型和特大型深水泊位最多的港口、大型船舶挂靠最多的港口。2006年12月27日，时任浙江省委书记习近平在这里按下了宁波—舟山港当年第700万标箱的起吊按钮。"那一年，宁波—舟山港全年完成吞吐量714万标准箱；而今年仅穿山港区集装箱吞吐量已突破1000万标箱。"[3] 2015年9月29日，宁波舟山港集团揭牌成立，迈出港口实质性一体化的重要一步，当年全港集装箱吞吐量首次突破2000万标准箱。2016年，浙江省海港集团、宁波舟山港集团实现深化整合，宁波舟山港股份有限公司注册成立，当年全港货物吞吐量突破9亿吨。宁波—舟山港通过加强港航、港港合作不断扩大"朋友圈"，"21世纪海上丝绸之路"沿线友好港增至近20个，总数达86条，其中东南亚航线增至29条，全年沿线航班升至近5000班。此外，宁波—舟山港加快拓展海铁联运业务，班列升至11条，业务覆盖中国14个省36个市并延伸至中亚、北亚和东欧国家。数据显示，2017年前11个月，包括穿

---

① 无水港，畅通义甬开放大通道 _ 新华网（http://www.zj.xinhuanet.com/2016 NingboNewsnbst/20161122/3543276_c.html）

② 这条大通道厉害了，据说它是未来浙江的经济走廊 _ 舟山新区网（http://zsxq. zjol.com.cn/system/2016/12/08/021393560.shtml）

③ 实地探访宁波舟山港：这座全球最大港口是如何炼成的 _ 凤凰网（http:// nb.ifeng.com/a/20171227/6259592_0.shtml）

山港、北仑港、梅山、甬舟等集装箱码头在内，宁波—舟山港完成集装箱吞吐量达 2278.3 万标箱，已比去年全年总量超出 122.3 万标箱，箱梁增幅高于全国沿海港口平均增幅 6.2 个百分点。全年有望实现 2460 万标准箱，将继续保持两位数的同比增长。把一年吞吐的集装箱连起来，可以绕地球 3 圈多！ ①

2017 年 12 月 27 日，在浙江宁波—舟山港穿山港区集装箱码头 6 号泊位，一只身披"红妆"的集装箱被稳稳吊装至"美瑞马士基"轮，这标志着宁波—舟山港成为全球首个年货物吞吐量超"10 亿吨"大港，连续 9 年位居世界第一。"10 亿吨"是一个什么概念？它相当于 10 万座埃菲尔铁塔重量的总和，将这些铁塔首尾相接，可以绕地球四分之三圈。据测算，这 10 亿吨的货物吞吐量可为当地 GDP 贡献上千亿元人民币，创造数以十万计的就业岗位。"10 亿吨"打开了新时代浙江省海洋港口一体化发展的新局面，开启了宁波—舟山港通往未来的新征程。②"近些年，美杰马士基、中海环球、地中海奥斯卡、阿拉伯巴尔赞、商船三井成就等巨型远洋轮停靠宁波—舟山港的频率越来越高，个头也有逐年升级。"位于北仑的穿山港区，目前是国内单体最大的集装箱码头之一，被誉为"超级码头"。港区全长 3410 米，10 个泊位，可供45 台吊桥同时作业，不用候潮便能靠泊目前世界上最大的超 2 万标箱的集装箱轮。③

---

① 实地探访宁波舟山港：这座全球最大港口是如何炼成的 _ 凤凰网（http://nb.ifeng.com/a/20171227/6259592_0.shtml）
② 宁波舟山港成全球首个"10 亿吨"大港 _ 中国新闻网（http://www.chinanews.com/cj/2017/12-27/8410349.shtml）
③ 实地探访宁波舟山港：这座全球最大港口是如何炼成的 _ 凤凰网（http://nb.ifeng.com/a/20171227/6259592_0.shtml）

3. "S 形"组合港。

"S"形是浙江省海岸线的一个态势和走势。在此基础上形成的城市群就是一个"S形城市带"。把"城市群"和"城市圈"的概念和理念运用于浙江省的沿海实际情况，形成的就是一种"城市带"思路。构建这样的城市带，一方面，将对内更好地统筹和协调各种资源及关系；另一方面，也是为了更好地应对一个中日韩有关自由贸易区的谈判。

这是一个整体互动的模式。"浙江沿海城市带"的建设构想是以沿海港口为重心的。它构建的是一个多节段和多层次的城市带群架构，主要包括"四节段"和"三个层次"。"四节段"是：杭州湾北岸段、杭州湾南岸段及宁波到象山段、台州段和温州段。"三个层次"是：以地级市港口为依托的内陆城市群、以港口为依托的沿海城镇群和以岛屿为核心的环岛港口乡镇群。从沿海城市群发展的内在趋势来看，城市群的发展往往与港口的运行和发展密切相关。浙江省沿海城市带的主干城市包括嘉兴、杭州、绍兴、宁波、舟山、台州和温州。从目前的城市规模来看，杭州、宁波分别是"老大""老二"；从港口看，舟山是中心。构建浙江沿海城市带，发展海洋经济，必须通过形成以海运为主体的水路运输网络城镇群来打造舟山港国际航运中心的地位。其中，以宁波港、嘉兴港、台州港和温州港作为重要的分支港口构建沿海港口城镇群，通过走"港口带动城市群发展"的模式，形成推动浙江海洋经济发展的新的增长极。从沿海岸线的区域、长度和深度的条件看，建港条件最好的要数舟山群港。

在这个发展模式中，可以将舟山港区建为母港，其余港口作为子港，向杭州湾内辐射设立重要的子港：宁波港、嘉兴港等。向外辐射有岱山港、衢山港，北向连接上海的洋山港，南向有台州港和温州港。这样形成以母港和若干个子港为依托的"S"形港口带，构成"S"形沿海小城市群。这些小城市群与现有属地城市主城相呼应，以沿港城市群为分支的港城互动模式，形成与陆地城市群相呼应、互相补充的沿海港口城市群。它以舟山为中心，北连上海，南连温台，内联杭州湾，外接国际航线的港口城市群架构，推动浙江省城市群的建设与发展，带动以港口经济为核心的海洋经济的发展。

4. 江海"联服"港。

这是由"舟山江海联运服务中心"港形成的东方新大港。东方新大港是孙中山先生宏伟蓝图——东方大港的发展。它建在"三带"——长江经济带、沿海经济带和"一路"经济带的交叉口位置上。

在舟山，国内首艘2万吨级江海联运直达船完成设计即将开工，舟山江海联运发展迈上新台阶。"过去十几万吨的大船到海港后，通过千吨级的货船运输入江，再由小船跑几十趟把货物送到长江边的码头。层层分解的物流运输方式无疑使得成本层层攀升。"舟山市港航管理局江海直达船型研发组组长俞展伟说，长江沿线对铁矿石和粮油等资源类产品需求巨大，随着江海直达船型设计建造的不断突破，未来货物可以减少转运次数，降低物流成本，直接带动长江经济带的发展。①

重提"江海联运"并成为"舟山江海联运服务中心"的原因如下：一是要重新启动"长江经济带"。在这次重新启动"长江经济带"发展之前，"长江经济带"已经有过一段非常辉煌的历史。自1840年鸦片战争打开国门起，上海迅速成为中国沿海经济带的枢纽和长江经济带的龙头，其外滩迅速成为"冒险家的乐园"，十六铺码头迅速成为中国客运

---

① 这条大通道厉害了，据说它是未来浙江的经济走廊_舟山新区网（http://zsxq.zjol.com.cn/system/2016/12/08/021393560.shtml）

和货运中心。长江经济带是中国近代经济的雏形。长江经济带又是一个带状区域经济带。二是为了转型升级中国经济运行和发展的方式。中国在过去的经济发展中虽然有很多成绩，但也有一些问题。其中一个问题就是对流域经济的轻视。与地域经济不同，流域经济往往是跨行政区划的，如长江经济带就跨越了青海、西藏、云南、四川、贵州、重庆、湖北、湖南、江西、安徽、江苏、上海、浙江等行政区划。所以，要重新启动这个经济带，就必须对行政区划的经济功能进行调整，使其符合区域经济发展的需求和特点。三是对中国从"非生态经济"向"生态经济"的转型具有现代意义。长江经济带还是一个有机生态经济带。流域经济的背后是一种生态经济。生态经济学认为，越生态的往往是越经济的；越经济的往往是越物美价廉的，是效果和效率最大和最好的。生态经济是把生态文明落实到经济领域中的一个重要举措。流域经济是生态经济的集大成者。污染物破坏了舟山渔场特有的生态环境和繁殖环链，特别是使海洋生物的食物链中断了，进而破坏了海洋生物的生殖力和繁殖力。四是要用"一路"倡议来带动江域发展。"一带一路"倡议对长江经济带的发展是有功能和作用的。没有"一路"倡议，"江海联运服务中心"就不知怎么做。中国人很早就开辟了海上航道，但后来反而为帝国主义和霸权主义入侵中国提供了路径和方便。只有"21世纪海上丝绸之路"才是一条以中国为原点，以中国文化为动力，以中国产品为主的新的和现代的海上之路。它不是一个简单的海上航道和航运概念，还有一个航道是由谁开辟的、谁在保驾护航的、又在为谁服务的问题。五是以"服务"的姿态启动长江经济带和"一路"经济带。这是对中国经济"服务"内涵的确定、提高和提升。应该把"服务"作为"江海联运"新的增长点。"舟山新区"处于中国海岸线的中端、长江"龙口"的位置、黄海进洋口的位置,这是一个很好的服务位置。由于服务是一种软实力,所以,一定要重视"舟山海事"的创新。

在"舟山江海联运服务中心"的概念中,镶嵌了一个明显的逻辑链。一是"舟山服务中心"(ZSC)。这是一个以"服务经济"为核心、建立在"海上"的服务中心。二是"江海联运链"。这是"舟山服务中心"要服务的对象。对象的不同决定了服务内容的不同。它的特点是一个类似传统"水水中转"的"环链"和"链环"。三是"长江经济带"。这是"江海联运链"要作用的对象。它是中国区域经济三个层级之一——流域经济的最大规模状态。它不仅将带动长江流域经济带的发展,还将深入带动中国南北经济的互动、连动和续动。宁波—舟山港外钓 30 万吨级油品公用码头开建:2018 年 1 月 6 日,宁波舟山港外钓 30 万吨级油品公用码头正在紧张施工中。据了解,该码头靠泊船型为 5 万—30 万吨级油船,主要装卸货种为原油。码头设计年吞吐量 1300 万吨,工程建设期 12 个月。[①]

(四) 旅游业

旅游业(看、玩、吃)——舟山的经济都是海洋经济。沿海各地的经济 2/3 属于海洋经济。浙江要"再发展",提高利用海洋的程度和提升发展海洋经济的方式是关键。

秀山岛滑泥主题公园是目前中国首个以泥为主题的公园,经中国科学院上海生命科学研究院检测表明,园内滩涂海泥中含有多种对人体有益的维生素、氨基酸、矿物质和微量元素,具有保健、护肤、杀菌等功

---

① 宁波舟山港外钓 30 万吨级油品公用码头开建 _ 新华网(http://www.zj.xin-huanet.com/2018-01/08/c_1122224581.htm)

效。由此可见，该项目具有广阔的发展潜力和市场开发前景，将会受到越来越多崇尚自然、爱好运动、追求健康之士的青睐。秀山岛滑泥主题公园将滑泥又分为原始滑泥、木桶滑泥等，还有泥竞技比赛、现代泥瘦身、攀泥运动、泥浆滑道、泥浴、泥疗、泥钓等各种项目。纯天然的泥疗算是滑泥主题公园中除滑泥之外的特色项目，经常会有上海、浙江等地的白领们周末到这里做泥疗，放松身心。

沈家门国际海鲜大排档，坐落在著名的世界三大群众性渔港之一的沈家门渔港边，依山傍海，以观海景、尝海鲜和吹海风为特色，集吃、玩、乐、观为一体。

2001年，杭州宋城集团和浙江省象山县政府在宁波签约，共同投资五亿元在象山开发"中国渔村"旅游度假区。这一项目是中国目前最大的综合性海洋文化旅游项目。开发的"中国渔村"坐落在象山石浦港内，将开发成石浦渔港、石浦古街、宋皇城沙滩等十大功能区。合作双方表示，这个项目将以海洋文化为主题，集中国渔文化、各渔区民俗风情于一体。象山县是位于浙江东部的一个半岛县，境内岛礁星罗棋布，水产品资源丰富，石浦港渔区千年来积淀成丰富渔文化，海洋旅游业成为象山县近年来重点发展的一个产业。去年，象山接待游客数达到38万人次。[①]

舟山是中国第一个以群岛建制的地级市，是国内最大的海产品生产、加工、销售基地。舟山渔场是中国最大渔场，有"东海鱼仓"和"海鲜之都"的美称。舟山借助海港优势已经发展成为海洋经济强市。舟山先后获得"海洋文化名城""海上花园城市""中国优秀旅游城市""国

① 浙江将建中国最大综合性海洋文化旅游项目 _ 搜狐网（http://news.sohu.com/30/13/news145501330.shtml）

家级卫生城市"等称号。

发展海钓产业。海钓作为一项旅游休闲项目，具有独特性。第一，海钓所涵盖的历史文化、区域对象、心境理念、消费档次等是不能为其他旅游项目所替代的。它完全可以发展成为舟山市海洋旅游的一个精品。第二，海钓旅游摆脱了传统意义上的游玩，形成了一个集"吃、住、行、游、购、娱"六大要素在内的综合独特性。它还是一个多种资源整合利用、逗留时间长、重复出入频率高、形式新颖的休闲旅游产业链。作为一项高雅的休闲活动和高度刺激的海上竞技运动，它的吸引力和影响力足可与高尔夫、骑马、网球等三大贵族运动媲美。第三，海钓休闲满足了人们渴望了解海洋、保护海洋、亲近海洋、体验海洋的心态和欲望，从而具有独特性。其旅游交通从汽车转为游艇，其活动区域从陆上转到海上，又从大岛转移到小岛，甚至无人岛和孤礁。这是岛屿旅游向海洋旅游扩展，观光型旅游向体验型、竞技型旅游转变的典型方式。目前，舟山仅定海、普陀两区城镇就拥有海钓爱好者600余人，海钓会员达200余人。2003年1—11月，来舟山参与海钓者就达4万多人次，实现旅游收入约3500万元。经过首家专业经营海钓企业浙江大洋海钓俱乐部的一年运作，以及市政府主办的2004中国·舟山群岛国际海钓邀请赛的成功举办，"舟山群岛，海钓天堂"的知名度已为国内外所认同，"海钓经济"有望成为舟山旅游板块中新的增长点。仅普陀区东极、朱家尖两地2013年的游钓人数进入量就达4万人次，增速超过25%。由此看，海钓在舟山成为新的一块旅游产业已初现端倪。根据调查，无论是专业海钓手，还是休闲海钓客，目前来舟山海钓的本地客源和外地客源各占约50%。其中外地钓手绝大部分来自江、浙、沪等大中城市，也有部分来自北京、南京、港澳台等地。

舟山发展海钓具有如下优势：一是舟山目前渔业经济结构的调整十分有利于海钓业的开发。变过去直接的渔业生产转向为海洋游钓配套服务，这不仅开发了一项对大陆游客极具吸引力的旅游产品，更符合产业导向，而且也解决了当地渔民就业难题，使海钓服务、接待、导钓、培训等成为更多渔民及其子弟最切合实际的职业选择。许多国家已经拥有一批出色的职业化导钓员。考取导钓证成为沿海地区年轻人的一种时尚。海钓职业化是海洋经济结构调整的必然要求和大势所趋。毫无疑问，发展海钓也将成为舟山市渔业转产、转业的一条有效出路。二是舟山海钓受季节约束和影响小。例如，定海建成的富田园、半岛、凤凰山岛等渔乐园，普陀六横、岱山秀山、嵊泗五龙等形成的渔家乐，无论是深水网箱养殖钓场，还是海上矶钓，除了个别恶劣天气，一年四季大部分时间均可钓鱼，且不受禁渔期的限制。渔获品种也有改变。只要予以适当的保护和必要的人工投放，并且在作业方式上以"亦钓亦养"替代单纯的捕捞，海钓的资源就不会衰竭，从而使整个海钓以及衍生的产业成为一个可持续发展的产业。三是对海钓能够带来的经济效益，越来越多的业内外人士抱以乐观和信心。海钓带动的渔具饵料、鲜活海鲜、餐饮旅业、购物消费可大大带活当地经济。根据对舟山某渔乐园的调查表明，钓鱼直接产生的经济效益与钓鱼带动的综合经济效益比例为1：6。海钓带来的不单纯是钓一条鱼的概念，它钓来的是一场新型的"渔业"革命。在它所产生的规模和效益当中，还包含着更多的游艇经济、酒店经济、海景房产经济、休闲娱乐经济……海钓经济对捕捞经济的替代既体现了海洋生态与人类活动之间和谐平衡的原则，更体现了人们生存更注重环保、时尚的客观需求。四是海钓经济必将日渐显现其替代传统捕捞经济地位的包容力。到2007年，舟山市旅游收入要达到预计中的

73亿元。而国家已对近几年海洋捕捞实行产量零增长的指导政策。因此，海洋旅游经济替代传统渔业经济地位已是不容置疑的事实。而发展海钓经济已经成为舟山海洋旅游经济和海洋渔业经济中不可小觑的重要组成部分。①

浙江学者很早就提出了"海洋体育"的整体设计概念。开展海洋体育运动具有重要意义，它是人类体育运动发展的一个新的方向。开展海洋体育项目竞赛、开设海洋体育课程并培养海洋体育人才，是当前开发海洋体育的重要举措，而培养海洋体育师资又是开发海洋体育的基础性工作。"海洋体育"可以分为以下六大类：沙地海洋体育，泥地海洋体育，海上海洋体育，海空海洋体育，岸上海洋体育，船上海洋体育。它具有地域性、动态性、新颖性、挑战性、自然性、柔软性、借力性和可观性等特性。还可以开发为"世界海洋体育运动会""海洋体育"旅游项目和"海洋体育"训练课程。②

（五）船舶业

2017年4月19日，舟山正式开工建造2万吨级江海联运散货船"江海直达1"号船。这艘船长154米，宽24米，吃水9.1米，造价约6600万元，建造工期预计10个月，建成下水后主要营运舟山—马鞍山直达航线，具备"宜江""适海""先进""经济"的特性。③由浙江增洲造船有限公司设计建造的国内首艘2万吨江海直达船型首制船"江海直达1"号顺

---

① 黄建钢，孙和军.海钓经济将是舟山海洋经济的强大牵引［N］.舟山日报，2005.
② 滕海颖，龚聿金.试论海洋体育的分类和开发［J］.浙江海洋学院学报（人文科学版），2004（3）.
③ 江海联运再突破 国内第一艘江海直达船舟山开建 中金在线（http://news.cnfol.com/guoneicaijing/20170419/24616828.shtml）

利下水，标志着海进江、江入海江海联运开启了新时代。[①]

2016 年，浙江省船舶工业在世界航运业和造船市场未见明显好转。2016 年，浙江省船舶生产企业共完成工业总产值 1190.4 亿元，同比增长 11.8%；民用船舶制造产值 738.8 亿元，同比下降 2.4%；船舶修理产值 150.1 亿元，同比下降 23.8%；海工装备产值 72.5 亿元，同比增长 31.6%。[②]2016 年，浙江省完工船舶 464.5 万载重吨，同比下降 12.8%；出口完工 424.1 万载重吨，同比下降 2.3%；新接船舶订单 416.5 万载重吨，同比下降 25.51%；手持订单总量 1294.9 万载重吨，同比下降 27.51%。2016 年，浙江省完工量、新接订单、手持订单量占全国的比重分别为 13.2%、19.7%、13.0%。2016 年，世界航运市场未见明显好转迹象，BDI 指数虽在 11 月创下年内新高 1257 点，但与 2007 年时的 11677 点还相去甚远。2016 年，浙江省船舶修理行业完成工业总产值 150.1 亿元，同比下降 23.8%，出口船舶修理产值完成 44.6 亿元，同比下降 3%。船配企业共完成产值 76.5 亿元，与去年同期基本持平，其中出口同比增长 6.6%。2016 年，浙江省相继推出多款新能源船型，如内河 LNG 动力运输船、油电混合动力游览船以及中国第一艘 2000 吨级"锂电池＋超级电容"纯电力推进自卸运煤船。[③]

宁波是出"世界船王"的地方，从董浩云到包玉刚。2009 年一季度，舟山造船业产值 54 亿元，增长了 45%，修船业产值 12 亿，下降了 25%，全部船舶业产值 66 亿元，同比增长了 31%。加上船配业的 6 亿产值，2009 年第一季度舟山船舶业共完成产值 72 亿元。2008 年，舟山的

① 国内首艘江海直达船下水 _ 定海新闻网（http://dhnews.zjol.com.cn/dhnews/system/2017/12/08/030569673.shtml）
② 根据国防科工委"全国船舶工业统计信息管理系统"统计数据显示。
③ 2016 年浙江省船舶行业发展报告 _ 浙江省经济与信息化委员会（http://www.zjjxw.gov.cn/art/2017/3/7/art_1216282_5862063.html）

船舶工业产值319亿元，占工业总产值的38%，这一比例今年肯定超过40%。[①]

(六) 一路经济

2017年11月29日上午，作为第四届世界浙商大会主要活动之一的宁波"一带一路"建设综合试验区项目推介会正式举行，宁波市向全球浙商介绍了宁波"一带一路"综合试验区建设的总体方案和建设重点，对国际海洋生态科技城、中捷 (中东欧) 国际产业合作园、宁波航天智慧科技城等7个重点功能平台和建设项目做了集中展示推介。其中，宁波正在积极申报的国家级"一带一路"综合试验区将引发巨大的经济效益。作为古代"海上丝绸之路"的东方始发港之一，宁波即将在新时代开启新的航程。优势明显，与"一带一路"建设契合度高。宁波申报国家级"一带一路"综合试验区优势条件包括：2016年，宁波实现地区生产总值8541亿元、财政总收入2146亿元，跨境电子商务贸易额和境外投资额均位居副省级城市前列，为服务和参与"一带一路"建设提供了坚实经济支撑；宁波—舟山港自然条件优越、港口资源丰富、地理位置重要，紧邻国际主航道，对外直接面向东亚及整个环太平洋地区，236条国际航线连接着100多个国家 (地区) 600多个港口，货物吞吐量连续8年保持世界第一，集装箱吞吐量位列世界第四，中欧货运量居全国之首；外贸自营进出口总额连续4年超千亿美元，与"一带一路"沿线国家和地区贸易额达248亿美元，在"一带一路"沿线国家和地区设立境外企业和机构近580家；拥有宁波保税区、梅山保税港区等10个国家级

---

① 宁波舟山港外钓30万吨级油品公用码头开建 _ 新华网 (http://www.zj.xinhuanet.com/2018-01/08/c_1122224581.htm)

开发区，行政服务规范透明、口岸监管高效、投资贸易便利、城市功能完善，金融科技人才等高端要素加速集聚，形成了创新开放、成熟包容的营商环境，为与"一带一路"沿线国家和地区开展合作提供有力的制度保障；此外，宁波民营经济发达，民间资本可用总量在1万亿元以上，"走出去"的民间资本遍布全球100多个国家和地区，在"一带一路"沿线国家和地区投资总量占比达到20%以上，是目前全国第4个境外投资额超百亿美元的副省级城市，成为中国推进"一带一路"建设的重要力量。2017年5月17日，《关于宁波参与"一带一路"建设情况和下一步重点工作的建议》上报浙江省政府。9月获省政府批复并下发《宁波"一带一路"建设综合试验区总体方案》。《批复》要求，宁波以梅山新区为核心载体，打造"一带一路"港航物流中心、投资贸易便利化先行区、产业科技合作引领区、金融保险服务示范区、人文交流门户区，勇当"一带一路"建设排头兵，努力建成"一带一路"倡议枢纽城市。2008年2月，国务院正式批准设立宁波梅山保税港区，作为浙江海洋经济发展示范区的重要支撑。2011年，依托保税港区优势，梅山成立了国际物流产业集聚区，在港区的基础上增加物流、贸易等港口服务业。在加快推进"一带一路"倡议的背景下，2013年，全球最大的集装箱航运公司马士基与宁波舟山港签署战略合作框架协议，成立合资公司经营梅山保税港区3#—5#集装箱泊位，投资总额约为人民币42.9亿元，新建的3个码头可靠泊1.8万标箱大船，实现了"大港"与"大船"的结合。2015年，宁波抢抓机遇，将梅山保税港区、梅山国际物流产业集聚区划为港口经济圈的核心区，成立了宁波国际海洋生态科技城，旨在打造成国际知名的海洋科技创新资源集聚区、国内领先的海洋新兴产业孵化区、长三角重要的海洋科教研发示范区和特色鲜明的海洋生态休闲新城区。以与中东欧经贸合作为重点，提升贸易便利化水平。到2020年，境外产业园增加到5个，累计新增境外投资总额25亿美元，经认定本土跨国企业不少于5家；在建设"一带一路"金融保险服务示范区方面，结合国家保险创新综合试验区建设，强化金融保险创新，共同研究设立"一带一路"（宁波）巨灾保险合作基金并争取落地，到2020年，人民币跨境收入占本外币跨境收入比重达30%；在建设"一带一路"人文交流门户区方面，以海外"宁波帮"为桥梁，以港口文化、海洋文化、阳明文化、佛教文化、运河文化等为纽带，加强民间和政府间交流，不断丰富与沿线国家和地区的文化交流和人员往来，成为"一带一路"沿线国家和地区重要的人文交流门户区，到2020年，友好城市数量达到100对。[①]

（七）制度经济

浙江建海洋强省国际强港，5年内海洋经济总值达1.4万亿元。取得这些在海洋经济上的成绩，与浙江省在这方面的制度建设相关。

浙江省政府2017年12月出台的《加快建设大陆强省国际强港的若干看法》（以下简称《看法》）提出，到2022年，全省在大陆港口建设方面，浙江要基本建成全球一流的现代化枢纽港、航运服务基地、大批商品储运交易加工基地、港口经营团体，打造世界级的铁矿石分销核心、食粮集散核心和油品储运加工商业加注核心。《看法》还对港口吞吐量提出了详细目标：到2022年，沿海港口货物吞吐量达到15亿吨，集装箱吞吐量达到3200万标箱，其中宁波—舟山港要达到12.5亿吨、3000万标箱，它的全球第一大港和集装箱骨干线港的位置将更加牢固。省海

---

① 宁波申报国家级"一带一路"综试区，打造战略枢纽城市 _ 澎湃新闻（http://www.thepaper.cn/newsDetail_forward_1885051）

港集团总资产达到 2200 亿元。在空间布局方面，要推进浙江构成"一核两带三海"的空间布局。"一核"，即做强由宁波—舟山港跟宁波、舟山两大港口城市形成的大陆强省建设中心区；"两带"，即依靠沿海城市和重大涉海涉港策略平台、重大开放配合平台，构筑环杭州湾跟温台两大现代大陆工业发展带；"三海"，即联动发展海港、海湾、海岛，推动全省大陆港口一体化、集群化发展。这一布局的目标是打造世界级港口集群。《看法》称，要深入推动港口一体化改造、集中力气建设"中心层"港口、深度融会"严密层"与"联动层"港。①

2017 年 3 月 1 日，全国第一部国家级海洋特别保护区的地方法规《舟山市国家级海洋特别保护区管理条例》正式实施，舟山市在依法保护方面走在了全国前列，为加快实现海洋生态恢复，建设美丽海洋打下了扎实基础。

2017 年 6 月初，浙江省舟山市人民政府出台了《关于加快远洋渔业转型升级的若干意见》，提出今后几年舟山市将加快老旧远洋渔船更新改造，招商引进市外大型远洋渔业企业，优先引入大型围网和拖网加工、金枪鱼钓等远洋渔船，重点支持国内捕捞渔船退出国内渔场等奋斗目标。同时，要求到 2020 年，建成远洋渔业公共服务码头 9 座，其中万吨级装卸码头 3 座、5000 吨级 1 座、补给码头 5 座，力争成为全国最大的远洋渔业专业母港。同时，鼓励支持远洋渔业龙头骨干企业牵头组建远洋渔业渔民专业合作社，吸纳个体远洋渔船船东自愿加入，并提供融资、运输、补给、营销等一条龙服务，降低个体船东生产成本，提高捕捞生产效益。在此基础上，市政府对舟山国家远洋渔业基地建设提

① 浙江：建海洋强省国际强港，5 年内海洋经济总值达 1.4 万亿_网易新闻（http://news.163.com/17/1214/22/D5L9MP2M000187VE.html）

出了具体要求。据了解，舟山国家远洋渔业基地筹建两年多来，各项工作有序推进，基地基础设施日益完善，集聚效应逐步显现。下一步，基地将根据"十三五"全国远洋渔业发展规划，围绕"中国远洋渔业产业集聚区、中国现代渔业产业化示范园区、中国渔业对外开放重要的海上门户"三大战略定位，到2020年，力争远洋渔业船队规模达到600艘，远洋生产量60万吨，基地远洋鱼货进关量80万吨，实现远洋渔业基地经济总产出300亿元，把基地打造成为集渔业、母港、贸易、旅游于一体的国际化、现代化产业园区。①

据悉，根据《浙江省人民政府关于加快建设海洋强省国际强港的若干意见》，宁波—舟山港将在浙江省委、省政府的坚强领导下，按照浙江省海港委的统一部署，深化推进港口一体化改革，充分发挥"核心层"港口作用，与"紧密层""联动层"港口深入融合，加强"辐射层"港口布局，不断完善集疏运和多式联运体系，着力提升航运服务能力，力争到2022年，实现年货物吞吐量达到12.5亿吨、年集装箱吞吐量达到3000万标准箱的目标。②

2017年9月5日，浙江省政府发布《浙江省人民政府关于设立宁波"一带一路"建设综合试验区的批复》，同意设立宁波"一带一路"建设综合试验区，并于9月20日下发《宁波"一带一路"建设综合试验区总体方案》。

经1999年6月3日浙江省第九届人民代表大会常务委员会第十三次会议通过，又经2015年12月4日浙江省第十二届人民代表大会常务

---

① 徐博龙.以舟山国家远洋渔业基地为平台 推进建立中国远洋鱿鱼交易中心［N］.舟山日报，2017.
② 总书记当年力推的这个港口 今天成全球首个"10亿吨"大港_浙江在线（http://zjnews.zjol.com.cn/zjnews/zjxw/201712/t20171227_6161485.shtml）

委员会第二十四次会议修正的《浙江省海塘建设管理条例》；1998年6月11日以宁波市人民政府令第67号发布了《宁波市海塘工程建设和管理办法》；2004年3月16日舟山市人民政府令第17号公布了《舟山市海塘建设管理办法（试行）》。这些都是为了防御和减轻风暴潮灾害，保障人民生命财产安全。浙江省人大审议通过《浙江省海塘建设管理条例》，加强海塘的建设、维护和管理；通过《浙江省水利工程安全管理条例》，加强海塘等水利工程安全管理，保障安全正常运行。浙江省水利厅修编并印发《浙江省海塘工程技术规定》，明确海塘工程技术标准；印发《浙东海塘工程维修养护技术规定（试行）》，加强海塘维修养护和除险加固，做好海塘检查观测、维修养护和技术认定等工作；印发《浙江省海塘工程安全鉴定管理办法（试行）》和《浙江省海塘工程安全评价技术大纲（试行）》，加强海塘工程安全管理，规范海塘工程安全鉴定，将海塘安全鉴定作为加固的先决条件，保证鉴定质量。浙江省质量技术监督局批准发布 DB33/T852-2011《海塘工程安全评价导则》省级推荐性地方标准。[①]

（八）海塘经济

海塘是指抗御风暴潮灾害的海岸防御工程和河口内最高水位主要由潮水位控制河段的堤防工程，包括海塘塘身、镇压层、消浪防冲设施、塘后管理道路、护塘地、护塘河、沿塘涵闸等设施。最早的海塘建设起于对钱塘江的海塘建设。海塘是人工修建的挡潮堤坝，亦是中国东南沿海地带的重要屏障。海塘的历史至今已有两千多年，主要分布在江

---

① 浙江省大力推进海塘加固工程建设＿搜狐网（http://www.sohu.com/a/78977542_268886）

苏、浙江两省。从长江口以南，至甬江口以北，约六百公里的一段是历史上的修治重点，其中尤以钱塘江口北岸一带的海塘工程最为险要。高大的石砌海塘蜿蜒于几百千米长的海岸上蔚为壮观！海塘最早起源于钱塘江口，这是自然条件决定的。钱塘江口一带的潮水特别大。地理学家郦道元曾以简洁的笔墨描述钱塘潮："涛水昼夜再来。"钱塘潮固然是大自然的胜景，但是也对沿海地区造成了巨大的破坏。南宋嘉定十二年（1219），今海宁市南四十多里的土地，曾因海潮而没入海中。另外，海盐县的望海镇也曾被海潮整个吞没。从雍正皇帝开始，清朝皇室就非常重视钱塘江海塘的建设工程。光绪二年，慈禧太后批准动用国库资金，斥资近千万两银子（相当于如今15亿—20亿元），兴建钱塘江海塘工程。[1] 时至今日，海塘仍是长江三角洲经济区的沿海屏障。易受风暴潮侵袭的堤段，应当适当提高海塘的等级标准；对遭受台风袭击受损的海塘应当及时进行修复、加固。"十二五"以来共加固海塘436千米，基本形成较为完备的沿海重点区域防潮体系。积极支持海塘项目用好抵押补充贷款资金，将温州市瓯飞一期围垦（一、二、三区块）工程、温州市鹿城区七都标注堤塘工程建设和舟山市大小鱼山海堤建设工程（一期）列入水利建设贷款PSL项目库，申请贷款额度89.5亿元。简化项目审批程序，除新建100年一遇及以上海塘（含提高标准），以及涉及跨设区市的或需要省级协调的海塘工程外，原则上海塘工程全部下放给地方审批。2016年纳入省级财政补助范围的海塘1140千米，补助省级财政资金近2000万元。浙江省委、省政府做出千里标准海塘建设、强塘固房工程和五水共治等战略部署，都将海塘建设作为重要内容。积极推动

---

① 慈禧批准用国库资金建钱塘江海塘 共近千万两银子_人民网（http://culture.people.com.cn/n/2014/1216/c172318-26216153.html/）

海塘项目实施 PPP，吸引社会资金投入。例如，温州市鹿城区瓯江绕城高速至卧旗山段海塘工程，列入省政府 2014 年支持鼓励社会资本参与建设运营的示范项目，工程总投资 18.8 亿元，吸引社会资金约 12 亿元，目前主体工程正在实施，项目公司已提供资金 1.2 亿元。积极申请国家专项建设基金支持。水利厅商有关部门和金融机构将海塘项目列入专项建设基金申报范围，2016 年落实舟山市大小鱼山海堤建设工程（一期）专项建设基金 5 亿元，有效弥补了建设资金不足。积极支持海塘项目用好抵押补充贷款资金，将温州市瓯飞一期围垦（一、二、三区块）工程、温州市鹿城区七都标注堤塘工程建设和舟山市大小鱼山海堤建设工程（一期）列入水利建设贷款 PSL 项目库，申请贷款额度 89.5 亿元。简化项目审批程序，除新建 100 年一遇及以上海塘（含提高标准），以及涉及跨设区市的或需要省级协调的海塘工程外，原则上海塘工程全部下放给地方审批。①

浙江省地处东南沿海，境内岸线曲折绵长，海岛星罗棋布，海岸线长达 6633 千米，海塘全长 2132 千米，其中浙东海塘 1732 千米，钱塘江海塘 400 千米。浙东海塘保护着宁波、温州、台州、舟山 4 个大中城市和近 30 个县市，其中保护万亩以上农田和重要城镇、经济开发区、基础设施的重要海塘有 1027 千米。钱塘江海塘直接保护杭嘉湖平原和萧绍平原 1000 万亩耕地和 1000 万人口。浙东沿海和钱塘江两岸地区，人口密度高，生产要素聚集，经济发达，经济总量和财政收入约占全省 80%。由于特殊的地理位置，浙江沿海属于台风暴潮频发地带，且台风强潮位高，破坏力大，灾害频发。海塘不仅是浙江沿海地区的生

---

① 浙江省大力推进海塘加固工程建设_搜狐网（http://www.sohu.com/a/78977542_268886）

命线、生存线和幸福线，而且是关系浙江全省经济和社会发展的重要安全屏障。浙江海堤是沿海人民不断加高加固修缮而成的挡潮御浪工程体系，钱塘江海塘历来由国家维修养护管理，随着20世纪60年代治江围涂的实施，相当数量的临江一线塘段已被当地政府围涂所建的围堤取代。浙东海塘多数为随着滩涂淤涨而逐步外移。从20世纪80年代起，为提高海塘防御能力，浙江省及各级地方政府不断进行海塘加固建设。1989年8923号台风后，台州开始修筑标准海塘；1992年9216号台风和1994年9417号台风后，温州、台州等地陆续开始较大规模地修筑标准海塘。尤其是9417号台风后温州等地建成防御标准20年一遇以上的标准海塘约530余千米，发挥了防御潮灾的效益。限于当时财力、物力和技术水平，以往海塘防御能力仍偏低，特别是1997年9711号强台风海塘遭受了巨大的损失。于1997年年底开始，省委、省政府果断做出了"建千里海塘、保千万生灵"的重大决策，通过沿海各地艰苦努力，到2000年年底就建成了1020千米标准海塘。并经续建，至今全省累计建成标准海塘1400多千米，投入资金近50亿元。千里标准海塘的建成，大大提高了浙江省沿海防台御潮能力，为浙江省沿海地区经济和社会持续发展提供了重要基础保障。同时也产生了一系列综合经济效益，改善了沿海城镇投资环境，推动了效益农业发展，改善了沿海生态环境。千里海塘被前省长柴松岳喻为沿海人民的"生命线""致富线"和"幸福线"，也是沿海地区的"发展线"。千里标准海塘建成后相继受了2000年、2002年、2004年、2005年和2006年的"派比安""桑美""森拉克""云娜""麦莎"和"卡努"等台风暴潮的考验，特别是2000年"桑美"、2002年"森拉克"和2004年"云娜"强台风，浙江省沿海部分地区发生了接近历史实测的最高潮位，但没有一处标准海塘决口，发挥了显著的防台减灾作用和效益。经有关单位初步估算，2000年以来标准海塘产生的防台减灾效益达200亿元。[①]

[①] 千里海塘：沿海人民的"生命线"_浙江在线(http://zjnews.zjol.com.cn/05z-jnews/system/2008/08/28/009884791.shtml)

第三篇

"经略海洋"经济的实践、展望和创新

一、现 状

海洋虽然已经伴随人类很久，但人类至今并没有真正进入一个"海洋经济"的时代。这个时代的标志不是在人类的整体经济中有海洋经济的成分，而是海洋经济是整个人类经济的主体和核心。自党中央 2013 年 7 月底提出"经略海洋"以来，起码是在中国拉开了一个"海洋经济"大剧的帷幕。这个程序一旦开启，就不可逆转。

（一）人类海洋经济发展史状况

人类的发展至今已经经过陆地时代和"半陆地半海洋"时代。自 2000 年起，人类进入了新时代——一个纯粹的海洋时代，或者是被海洋包围和渗透的时代，而它的形成经过了一个漫长、曲折的过程。

1. 海域经济。

海洋文明起源于孕育了古希腊文化的爱琴海文明。正如柏拉图（Plato）和亚里士多德（Aristotle）所说，海洋是导致早期希腊发生变革的最有利因素之一。[①] 雅典是城邦时代经典的海洋国家，属于地中海文明。海洋经济和海洋文明在地中海的发展是一个从东往西发展的过程，这其实也是人类逐渐走向海洋的过程。从地中海最东部的古希腊到地中海中部的古罗马，再到地中海西口的葡萄牙、西班牙的发展，经过了 2000 年左右的岁月跨度。在海洋文明的背后都有海洋经济孕育其

---

① 奥斯温·默里.早期希腊［M］.晏绍祥，译.上海：上海人民出版社，2008.

中。后来是哥伦布（Columbus）把地中海文明带向了大西洋，对美洲新大陆的发现开拓了地中海人和欧洲人的发展空间。人类在大西洋的发展并不是地中海海洋文明直接冲击的结果。地中海文明先沿着欧洲大陆西海岸北上，与荷兰文化碰撞、结合和融合，形成了新的海洋文明后，才成为大西洋海洋文明的源头和源泉。最早的大西洋海洋经济就发源于荷兰，而英国的地位是在欧洲大陆和美洲大陆的交流和交往中才逐渐形成的。荷兰紧挨着的大西洋水域，被称为北海。由于冷暖水流的交汇，北海地区的渔业资源非常丰富，其中就包括丰富的大西洋鲱鱼。所以，大西洋的海洋经济和海洋文明既有一个从北向南推进的过程，又有一个大西洋两岸互依、互动和互促的推进过程。这可以从大西洋两岸的资产阶级革命发生的时间上看出：16 世纪的尼德兰革命、17 世纪的英国革命、1775 年的美国独立战争和 1789 年的法国大革命。这也包括自 15 世纪起欧洲殖民国家把非洲黑奴贩运到美洲，都促动了大西洋两岸的经济发展。随着 1840 年鸦片战争在中国沿海地区的爆发和 1898 年美国人对夏威夷、菲律宾的占领，标志着英国人和美国人把大西洋的海洋文明带到了太平洋，其中还包括与英国体制相似的日本国在甲午海战中的崛起。后来，20 世纪 40 年代太平洋战争和 50 年代初朝鲜战争甚至还有 60 年代的越南战争又加剧了这个时代的演进。最近，太平洋的海洋文明正在向南太地区发展。这是以 2014 年 11 月中国国家主席习近平在南太岛国举行了 80 余场外交活动作为标志的。其实，"太平洋时代"是马克思早在 19 世纪就预言过人类要迎来的一个时代。目前这个时代还在不断发酵。这次发酵是由中国在世界中的地位和作用突起而引起和引发的。中国要带动全球的发展，首先要带动太平洋世界的发展。从联合国徽标和北冰洋融化的程度来看，人类在 21 世纪中叶即将进入一个北冰洋时代。

其实,近现代发达国家很多就是北冰洋国家,如近代的英国,现代的美国、苏联或俄罗斯、加拿大、北欧数国等。全球其他国家如要进入北冰洋,就必须经过它与大西洋和太平洋的交界处。北冰洋时代既是一个东西流动和畅通的时代,又是一个东西夹击的时代。只有经过北冰洋时代后,人类才能最终深切地体会到海洋在全球和世界中的地位和作用。由此还可以清晰地看到,不同海域的海洋经济和海洋文明对应的是不同的时代——地中海时代对应的基本是古代社会,大西洋时代对应的基本是近代社会,太平洋时代对应的应该是现代社会,北冰洋时代对应的应该是将来社会,全球海洋时代对应的是未来社会。对中国来说,过去没有进入地中海时代和大西洋时代,但现在应该抓住太平洋时代。这也是中国之所以重视 APEC 和亚太自贸区的理由。

2. 涵域经济。

这是从海洋经济及其海洋文明内涵变化的角度看人类海洋经济发展的历史。第一是"自主海洋"的理念。这是人类对海洋有自觉和自主的意识。它也是最早的人类海洋意识与理念,与古希腊的城邦国都是独立自主型国有关。每个城邦国都有自己独特的航海和海外贸易。第二是"自然海洋"的理念。这个理念不仅把海洋看成了一个自然和客观的事物,而且把海洋看成了一个完全可以利用的自然现象。正如亚里士多德所说的那样:"邦城的位置应该坐落在有良好的海路和陆路通道的地方。"① 其实,不管人是否意识到、看到和感受到海洋,海洋都是客观存在的自然现象,是天赐人类的宝贝和宝藏。第三是"神权海洋"的理念。这基本是中世纪的海洋理念。在中世纪,神权大于一切,所以"教皇的神权决定海权"。教廷切割海洋既没有什么理论依据,也不需要任

---

① 亚里士多德.政治学[M]颜一,秦典华,译.北京:人民大学出版社,2003.

何理由和借口。正是在这样的海洋经济理念上，罗马教廷在 1494 年和 1529 年以《托尔德西里亚斯条约》和《萨拉戈萨条约》武断地分割了在大西洋和太平洋上葡萄牙与西班牙两个国家的海洋权利之争。第四是"自由海洋"的理念。这是相对于葡萄牙和西班牙两个先发国家的发展态势，后发国家——荷兰人的海洋理念。是依靠法律和法庭来解决海洋冲突问题的理念。这个理念的代表人物是格劳秀斯。其代表作是《海洋自由论》。格劳秀斯在其中系统地论述了他的公海自由论的论点。这是他经典的海洋理论。这个理论猛烈抨击了葡萄牙对东印度洋群岛航线和贸易的垄断。他认为："海洋是取之不尽，用之不竭的，是不可占领的；应向所有国家和所有国家的人民开放，供他们自由使用。"至今，格劳秀斯的这个公海自由观点已是一项重要的国际法原则，为全世界人民所接受，对于世界人民的交往和经济的交流有着积极的意义。第五是"权力海洋"（power）的理念。这也是以美国代表的后起国家对海洋的认知理念，是凭借军事力量霸占世界海洋的理念。这个理念认为，只要海军强大了，国家在海洋上就可以所向披靡，国家就会因此而发展起来。其代表人物是马汉，代表著作有《海权对 1660—1783 年历史之影响》《海军战略论》。这个理念在 19 世纪中叶至 20 世纪中叶的百年世界历史中得到了充分的验证。第六是"权利海洋"的理念。但此书所谓的"权利"与现在一般所理解的"权利"不同，它的核心是"利益"。这符合人类发展到 20 世纪后半段的基本情况和趋势。1982 年的《联合国海洋法公约》虽然用了英语单词"sea right"，但实际的意思和思维应该是"interest"的。这可以从《联合国海洋法公约》的内容上得到验证和佐证。《联合国海洋法公约》所规定的基本是对海洋利益的分配，如确定了临海国家的 12 海里领海概念和 200 海里专属经济区概念。虽然其中涉及的国家还有很大的局限性，但对已经涉及的国家在海洋利益分配上还是公平的。对临海国家来说，海洋权利（sea interest）都是一种平等和均衡发展海洋的制度设计。这也符合人们平时一贯的理解和说法——对"利"是要争取和争夺的，但对"益"是需要维护的。第七是"权益海洋"（right）的理念。这是把海洋利益作为"公益"给全球所有人进行享受的理念。是建立在"公共海洋"基础上的新理念。"海洋是人类公共池塘"[①]的理念在说，不仅海中人、海边人要享受海洋，远离海洋的人更需要享受海洋。海洋对远离海洋的人们来说其实更加重要。海洋的公共性与土地和大气的公共性都是不同的。海洋的公共性是地球公共性的核心和枢纽。中国推行的"一带一路"就是这种"权益"理念的具体体现。全球只有用"一带一路"，才能把大陆与海洋有机地联系在一起，才能最终保护大气的公共性不受损害。第八是"战略海洋"的理念。它主要涉及思考海洋发展的长度概念。海洋战略本身也在发展。开始仅指军事战略，后来指工程概念，如日本的"冲之鸟岛"项目建设，再后来是意识战略，如加强海洋意识教育，还有就是海洋科技战略。海洋事业更有"要到用时方恨少"的感觉。海洋战略初期的概念都是"海洋经济"。由此看"一路"，虽然是一个愿望和倡议，但仍然具有很大思考的长远性——它是对纵串整个21世纪时间跨度的中国和世界发展之路的愿望表达。从2013年算起，它起码还有87年持续努力的时间刻度。第九是"经略海洋"的理念。这是中国共产党人在2013年7月底时提出的一个十分重要的海洋理念。"经略"是"经济"的前提。只有"经略"，才有"经济"。"经略"需要经营。它需要统筹、协商和营销，它一般具有细化和精致

① 黄建钢，刘景龙.论"海洋公共池塘"——一种对"海洋"的新理解［C］.2013年中国社会学年会暨第四届海洋社会学论坛论文集.上海，2013.

化的特点。它不仅是对战略的实施和实现，更是对"方略"的实施和实现。而"方略"又是对"战略"的方方面面的考虑和布局，从而具有全面性，如十九大报告的"新时代中国特色社会主义思想和基本方略"就有14个方面。第十是"科技海洋"的理念。这是一种现实的海洋理念。海洋可以用什么？海洋可以怎么用？这些都离不开科学和技术的支持和支撑。科技既是第一生产力，也是第一破坏力。人类在主动利用海洋的同时，也在客观地损坏和破坏甚至摧毁海洋。例如，随着在海里航行的船舶数量的增多，其为防海生生物赘生的船底漆对海洋生物系统的破坏也在增多，氧化铜、氧化汞、酚醛，甚至还有砷之类的有毒化合物对海洋生物的渗透也在深入；① "可燃冰"开采稍有不慎，里面大量的甲烷就会跑到大气层里，从而引发大气的爆炸，整个地球都会裸露在宇宙当中，等等。生态科技即将成为海洋科技发展的主要方向。它不仅是对生态的科技，还是利用生态的科技，更是以生态为标准的科技。第十一是"生态海洋"的概念和理念。这是从生态文明视角看海洋所产生的新理念。它不仅是指海洋是生态的，更是指利用海洋要达到生态文明的程度、层次和境界。它实际上有两层意思：一是经济本身就是一个对生态"为我所用"，二是海洋本来就是地球主要和根本的生态。海洋的主要意义就是给了地球上的生命一个生态环境。没有海洋生态，就不会有地球生命，即使有过生命，也不会至今还在持续发展。海洋还具有强大的生态降解功能。"生态海洋"是指在研发、开发、利用和保护海洋过程中，一定要奉行"修旧如旧"即"修生态如生态"和"仿生物如生物"的原

---

① 船底是像牡蛎、海葵一类的海洋水下生物依附生长的一个非常好的环境。这些海洋生物虽小，但是增加了船舶自身的重量，也影响了船底外壳的光滑，增加了航行时的阻力。有资料说，船底赘生生物将使船舶动力损失5%～10%。严重时，这个数字可能更高。为了防止生物赘生，在船底涂的防锈漆中加了一些有毒物质。这样，海生生物就不会在船底生长了。

则。现在美国就非常注意海洋的保护性发展。[①]

其实,这些理念内涵虽然都来自经济利益,但一旦形成,就会更蕴含几乎是无限的经济利益。任何新理念内涵的形成都与新兴起的发展中国家对发达国家的挑战有关,都与改变旧的发展方式有关,而且以后这样类似的挑战密度在增加,速度在加快。每一个理念内涵的形成都是海洋事业、海洋文明和海洋经济发展和进步的标志。由此来看,现在的海洋经济理念内涵也不会是人类海洋经济内涵的最高层次和最高境界。它还在不断发展,不断创新,还会根据海洋生态和人类心态的实际情况而不断变化。

3. 行域经济。

这是从海洋产业中的行业变化和细化情况看人类海洋经济发展的历史。现在看海洋产业还是把它放在传统三大产业系统中的,但它实际上应该属于一个独立的产业系统。它还不是一个简单的第四产业概念。它不仅是一个新产业,其中有新要素和新组合,而且是一个包容了传统三大产业要素在内的复杂、创新的产业系统和概念。这也是学习习近平关于海洋经济系列重要讲话的心得。习近平在2013年7月指出,我们不仅要"提高海洋开发能力,扩大海洋开发领域,让海洋经济成为新的增长点",而且要"提高海洋产业对经济增长的贡献率,努力使海洋产业成为国民经济的支柱产业"。[②]

---

① 美国国家海洋与大气局国际事务办公室主任詹姆斯·特纳认为,应重视海洋经济发展过程中对海洋和海岸地区环境质量造成的破坏,应关注气候变化对于海洋生物资源产生的不良影响,避免过度捕捞对渔业资源带来的致命性打击。他呼吁人们必须要平衡对海洋环境与资源的管理,使其与经济发展之间达到平衡。参考:罗天昊,刘彦华.全球海洋经济的三大模式[J].小康·财智,2011(3).
② 习近平:进一步关心海洋认识海洋经略海洋_人民网(http://cpc.people.com.cn/n/2013/0731/c64094-22399483.html)

其实，海洋经济的行业和行域也是不断发展和变化的，现在已经发展到了一个现代状态。[1] 虽然至今它已经越来越丰富和丰满了，但其变化的宽域和幅度并没有停止，甚至处于一种裂变状态。还难以预料下一步会发生什么。从历史的角度来看，它最早是一个"海洋盐业"。海洋经济最早的发展形式就是盐业。人类最早的盐业，仅从考古上看，是在中国，在仰韶文化里。盐是人类生产和生活的必需品之一，是人体中不可缺少的物质成分。从源头来看，盐业又分为海盐、井盐、矿盐、湖盐、土盐等种类，其实凡是盐，就都是海洋的产物，不是地壳运动，就是海水消退之后造成的。后来，在"盐业"的基础上，人类又发展了一个"海洋渔业"。虽然渔业已经从"捞鱼"发展成了"捕鱼"，虽然从近海渔业发展出了远洋渔业，但人类最早进入渔业经济并不是主观和主动的结果，而是与人类所生活的环境有关，那是人类大规模从非洲高原迁徙到东海平原后的被动行为。渔业资源是东海平原主要的生活资源。一定要充分认识到发展渔业对人类聪明才智发展的重要影响。前面已经介绍过了，这个时期曾经持续了大约2.5万年。在这个时期里，因为吃鱼使得人脑和人眼植入和增加了许多DHA。这些是人类可以看得更远和想得更深的前提和基础。之后是一个"海洋航运业"的发展。据研究，这也与东海平原上河流的流势平缓、纵横交错、四通八达有关。航运业最早就是靠水流来漂浮而完成的，先是乘河流，后是乘海流，再后来是乘洋流。那时候，了解了水流图就等于现在掌握了交通图一样，就会进出自如了，甚

---

[1] 中国社会科学院世界历史研究所加拿大研究中心、中国社会科学院中国特色社会主义理论体系研究中心姚朋认为，"现代海洋经济"是指为开发、利用和保护海洋资源和依赖海洋空间而进行的生产活动，包括海洋渔业、海洋交通运输业、海洋船舶工业、海盐加工业、海滨矿砂业、海洋油气业、海洋电力业、海洋生物医药业、滨海休闲旅游业、海洋服务业等。参考：姚朋.世界海洋经济竞争愈演愈烈[J].中国社会科学报，2016(1104).

至到后来还可以漂流到地球上的任何沿海地区。之后就是"海洋船舶业"的发展。最早的船舶业发展源自独木舟和竹筏。虽然最早的独木舟是在8000年前的中国萧山跨湖桥文化遗址中被发现的,但据研究,独木舟的发明和使用是与洪水下泄和海水上涨有关的。洪水来了,或者海水上涨了,人在无奈的情况下,偶然地抱住了木头而没有被淹死。于是,船就从"抱木漂流"到"坐木漂流""刻木成舟",再到"拼木成船""钢板造船",而逐渐发展起来了。但人类还是"抱木漂流"了很长时间,特别是经过了大幅度和持续的海水上涨后,船才得以质的提升和发展。因为海水隔开了本来居住在一起的人类,人类才最终发明了现代意义上"船"的雏形。那是在1万年前,当海水涨到比现在的东海海平面还要高出50米左右时,才完成了由"木头舟"到"木制舟"的跨越。因为只有在"木制舟"的交通工具下,人在海上出行才能成为可能。由此得出结论,人类的海上航运业最早就起步于中国的"地中海"逐渐形成的过程中。同时,海洋经济又发展出了一个"海洋港口业"。它是从渡口到道头、码头,再到港口的发展。其中现在河北省的武安县磁山村就是一个著名的码头。在磁山考古发现了指南针就是一个佐证。"港口"的概念是现代的。"港口"概念的广泛使用足以说明,中国人看海洋的视角已经在不知不觉之中进入了一个现代境界。这意味着在中国人的眼里,人类居住的这个星球已经从"地球村"进入了一个"地球城"。现在,海洋经济里有海洋科技,而"海洋科技"至今尚未成为一个专门行域。人走在路上,可以不用任何科技。但如果行在海上,每走一步都离不开科技支撑,更何况潜水和潜深海。之后是一个"海上旅游业"的发展。它基本由海洋旅游业和海岛旅游业组成。现在理解的海上旅游基本是海岛旅游的状态。其实,海岛旅游还不能算作真正的海上旅游,还是一种陆地思维主宰下的旅游。海上旅游一定是海洋思维的结果且要以海洋旅游为重。海洋旅游在现实中并未广泛开展，甚至还没有专门的设计，还属于一个"将来"旅游业。现在的海洋旅游业基本还是一种路过旅游业，而不是一种目的地旅游业。现在想到的海洋旅游业有海洋观光旅游、海洋体验旅游、海洋沐浴旅游、海洋潜水旅游，等等。现在正在逐渐进入一个"海洋生态业"的发展。在地球上，最大的生态力就是海洋力。利用生态发力也是最经济的。海洋既可以创造一切，又可以降解一切，还可以蕴藏和覆盖一切。选择生态好的地方生活，可以有各种效果，既可以调节心情，也可以改变生理。例如，用风来运雨，用风来吹散雾霾，用海洋来吸碳，用海风来发电，等等。

(二)世界范围内的海洋经济发展状况

这是从世界经济角度看海洋经济发展的状况。虽然世界已经进入海洋时代，但海洋经济在世界经济中的地位还是辅助性的。虽然海洋经济对人类经济的辅助作用越来越大，特别是增加了海洋 GDP 占人类整体GDP 的比重——"在世界海洋强国和大国中，海洋经济的 GDP 占比大多在7% ~ 15%"[①]，但海洋在人们意识中的概念还是很淡漠，统计海洋经济的标准也在不断调整。现在，美国已经把驱动力的概念引进了海洋经济领域的统计。[②] 这已经跳出了传统的直接产生 GDP 的范畴。

1. 盐业经济。

作为人类生产和生活的必需品之一，盐的社会需求量很大，但食用

---

① 姚朋.世界海洋经济竞争愈演愈烈［J］.中国社会科学报，2016(1104).
② 这个观点是这样表达的："美国的经济中，80% 的 GDP 受到了海岸地区的驱动，40% 以上是受到了海岸线的驱动，另外只有8% 是来自陆地领域的驱动。"
参考：罗天昊，刘彦华.全球海洋经济的三大模式［J］.小康·财智，2011(3).

的消费弹性极小。从现在的考古发现来看，盐业的发明和发展是与人类文明的形成和发展密切相关的。现在世界上，美国、日本、中国、德国是四大盐进口国。其中，美国盐进口量占世界进口总量的40%；西欧盐进口量占世界进口总量的12%左右，其中德国是盐进口最多的国家。日本国内用盐的87%依赖进口，占世界进口总量的20%以上。从总的增长趋势来看，世界盐的需求量趋于缓慢增长状态。[①] 再从产盐的角度来看，在世界盐生产量中排前五位的国家是中国、美国、印度、德国和加拿大。它们的产量占世界盐产量的60%以上。其中中国位于第一，占27%～30%。前十位国家的盐产量约占世界盐产量的75%以上。其中，亚洲是主要牵引力。从图3-1中可以基本看清楚世界盐业经济的发展状况。

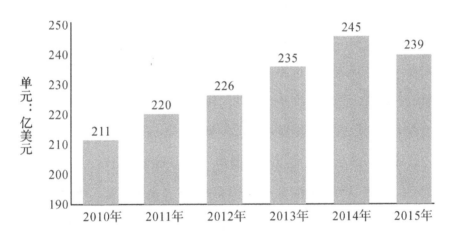

图3-1 2010—2015年全球食用盐市场规模走势图[②]

---

① 智研咨询的《2017—2022年中国食盐市场深度评估及投资战略咨询报告》：2005年至2010年平均年增长率为3%，其中亚洲太平洋地区和非洲中东地区增长较快，北美和欧洲地区增长缓慢甚至下降。2012年至2015年平均年增长率为2.9%，亚洲和太平洋地区仍是增长最快的地区。
② 2016年全球食盐行业产销状况及增速统计_中国产业信息网（http://www.chyxx.com/industry/201702/493970.html）

从这6年的世界对食用盐的需求来看，还是可以看出基本规律：一是一般的食盐消耗年增长6亿—10亿美元。二是2015年的食盐消耗下降，也在6亿—10亿美元。三是虽然在2011年3月日本地震引发的核泄漏引起哄抢食盐，但并未引起世界食盐消耗大的波动。由此得出结论：盐业经济是一种稳定和确定的经济。

2. 渔业经济。

渔业经济的概念有狭义和广义两个概念：小狭义的渔业经济概念就是特指捕捞业和养殖业，就是海洋渔业产值；广义的渔业经济概念包含渔业、渔业流通和服务业、渔业工业和建筑业三个层次结构，就是渔业经济总产值。它们实际是渔业经济发展至今经过的三个阶段：在自然经济阶段，渔业经济主要是捕捞经济；在贸易经济阶段，渔业经济主要是流通和服务经济；在工业化经济阶段，渔业经济主要是渔业工业和建筑业经济。渔业和水产养殖业至今依然是世界各地亿万民众重要的食物营养、收入和生计来源。世界人均水产品供应量于2014年已经创出20千克的历史新高，这归功水产养殖业的快速增长，已在人类食用水产品总量中占半，同时还应归功渔业管理改善后，部分鱼类种群状况的小幅好转。此外，水产品依然是世界贸易中大宗食品商品之一，从价值来看，水产品出口有一半以上源自发展中国家。各类高级专家、国际组织、企业和民间社会代表在最近的报告中均突出强调了海洋与陆地水域不仅当前具有巨大潜力，而且未来更具潜力，将为2050年预计将达到的97亿全球人口的粮食安全做出巨大贡献。这是自2014年11月在罗马召开的第二届国际营养大会上通过了《罗马宣言》和《行动框架》确认了鱼和海产品从营养和健康角度出发对众多沿海社区的重要性以来，各国领导人借此重申自身承诺要制定并落实政策，以消除影响不良、改革粮食系统,让所有人享有富含营养的膳食以来,人类对海洋渔业经济发展的结果。人类对自己尤其是对育龄妇女和幼儿获取蛋白质和必需的微量元素有了新的认识和新的举措。同时,人类也清楚地认识到,渔业在营养领域发挥了重要作用后,人类又会面临更大的责任,那就是去考虑如何管理好资源,以保障全球人民享有营养、健康的膳食。[①]

仅从海洋渔业经济的角度来看,现在的方式一般分为捕捞钓经济、养殖放经济和禁限保经济。世界著名渔场大部在北半球。其中,西北太平洋渔场是世界最大的渔场,特别是日本暖流(日本称"黑潮")和千岛寒流(日本称"亲潮")交汇处的日本北海道和中国东部沿海渔场,占世界渔场面积的1/4;东北太平洋渔场有北太平洋暖流与阿留申寒流交汇;以纽芬兰为中心的西北大西洋渔场主要是墨西哥湾暖流和拉布拉多寒流汇合;以北海为中心的东北大西洋渔场则是北大西洋暖流与北冰洋寒流的交汇处。从全球70%以上的面积被海水所覆盖,目前全球仅有2%的食品供应来自海洋,这就是一种严重的不协调。所以,还应该积极发展渔业企业,特别是还要发展渔业的巨头企业。现在,全球九大渔业巨头分别是日本的玛鲁哈日鲁、日本水产、泰国的泰万盛、挪威的耕海、韩国的东远、挪威的赛马克、荷兰的泰高、美国的嘉吉水产、日本的极洋。它们的产品遍布全球,年均销售规模约30亿美元,每年的总收入超过300亿美元,比重超过排名前100的海产品公司收入的1/3。[②]从国际渔业的状态和趋势来看,远洋渔业、生态渔业和制度渔业正在兴起。中国成为新兴远洋渔业大国,捕捞量居世界第一,占全球总捕捞量的18%;后三位是印尼、美国和俄罗斯。

① 这是联合国粮农组织总干事若泽·格拉齐阿诺·达席尔瓦给《2016年世界渔业和水产养殖状况》写的前言的主要内容。

② 盘点|全球九大渔业巨头_搜狐网((http://www.sohu.com/a/169388398_421212)

现在，海洋渔业的争端往往是此起彼伏。这既与非法捕捞钓濒危海洋物种和非法进入他国经济专属区捕鱼有关，也与怎么看待、认识和利用海洋包括海洋对人类的作用有关。从生态渔业的角度来看，捕捞鱼和保护鱼本身就是一种矛盾。例如，根据世界野生动物救援协会的数据显示，每年都有5000万—6000万条鲨鱼被捕杀。鲨鱼至今已在地球上存在5亿多年，且在近1亿年来几乎没有发生改变。仅从1985年的622908吨捕量急升到1998年的80万吨捕量就可以看出，许多鲨鱼的种类已被列为濒临绝迹或是受到极度威胁的物种。然而，国际上至今既没有关于鲨鱼的相关法规，也没有鲨鱼种类受到保护。这种过度捕杀的情况，一是会使生态链遭受破坏。鲨鱼减少了，海洋内的其他生物就会过度繁殖，海草就会变少，最后就会导致大量鱼类死亡。二是会使地球氧气减少。鲨鱼主要是捕食浮游生物的鱼的。所以，鲨鱼少了，鲨鱼对吃浮游生物的鱼的生长控制就会减少和变弱，这样，地球上的氧气就会被吃浮游生物的鱼很快耗尽，最后人类就会因为缺氧而灭亡。其实，世界性渔业经济问题还有很多，甚至越来越多。2017年8月，在墨西哥就召开了一次由中、墨、美三国参加的议题为"打击非法捕捞和走私石首鱼"的联席会议。为什么这种墨西哥加利福亚湾的物种会面临濒危呢？原因是，石首鱼的鱼鳔在广东和香港一带被视为珍贵补品，一只鱼鳔的价格高达上万美元，丰厚的利润导致当地捕杀石首鱼现象猖獗。同时，这也间接导致了另一种濒危动物——小头鼠海豚容易受捕杀石首鱼刺网的误伤而濒临灭绝。目前这种海豚仅存30头左右，极有可能会在几年内灭绝。从制度渔业的角度来看，自1982年《联合国海洋法公约》颁布起，有制度与无制度之间的矛盾、这制度与那制度之间的矛盾、这国制度和那国制度之间的矛盾时有冲突。特别是，进入他国经济专属区进行非法捕鱼的案例也时有发生，如 2017 年 11 月 27 日，3 艘中国渔船在济州岛附近被韩方扣押事件 [1] 等。

3. 港口经济。

贯穿整个人类近代以来海洋经济主线的还是全球港口经济的发展。近代之前的港口经济一般是海港经济，如地中海港口经济等。近代港口是从哥伦布发现新大陆才逐渐开始建立的洋港。港口经济发展到现代，进入了一个无水港、深水港和自贸港发展阶段。港口发展到 21 世纪，作为港口发展的标志——世界上第一大港口也在变化和发展之中。例如，欧洲最大的海港——荷兰的鹿特丹港，在 19 世纪 80 年代曾是世界第一大港，但到了 2016 年时，鹿特丹港的吞吐量仅居世界第十的位置，只有 4.61 亿吨。[2] 从港口的发展趋势来看，世界主要港口经历了 4—5 代：作为运输枢纽的第一代港口，以货物装卸和仓储为主要功能，以水水中转为特征的腹地型港口；作为装卸和服务的第二代港口，以服务临港工业为主要功能，以直接进出海为特征的大型专业化货主码头为标志；作为贸易和物流中心的第三代港口，以与物流为主的现代物流业结合为主要功能，形成了现代物流业的区域服务型港口；以集装箱运输和公共信息服务平台为标志的第四代港口，以全球性国际直达干线为主要特征，形成具有上下游业务联系的港航和港际联盟，构成非属地或连锁型码头；作为子母联营模式的第五代港口，以大型海港为母港，以国际陆港、支线港和设在内陆的港区为子港，形成母港与各子港联营、合作

---

[1] 据韩联社报道，韩国海洋事务和渔业部称，当局 2017 年 11 月 27 日在距离济州岛西南部 64 千米的海域扣押了 3 艘中国渔船，因其使用 40 毫米孔隙的渔网进行捕鱼，而当地规定捕鱼渔网孔隙大小应超过 50 毫米。韩国海洋事务和渔业部称，这 3 艘渔船将被禁止在该海域捕鱼 30 天，此外还面临多达 2 亿韩元（约 121 万元人民币）的罚款处罚。
[2] 世界港口吞吐量排名第一：宁波舟山港_中国物通网（http://www.chinawutong.com/baike/109526.html）

发展、共生共荣的子母港群。其中第五代港口关系复杂，没有公认的标准和构建模式。

（1）无水港。

无水港，顾名思义，就是指无水的港口，实际是指在内陆地区建立的具有报关、报验、签发提单等港口服务功能的物流中心。国外的无水港主要集中在欧美地区。亚洲地区以巴基斯坦和印度发展较早。无水港其实是一种海关服务方式，它的海关服务可以使客户不用到港口去办理货物过境手续。一般的无水港仅限定在集装箱服务，如印度的拉贾斯坦邦无水港。欧洲最大的无水港是建于2003年的马德里无水港。这是应对21世纪海洋时代到来港口业在欧洲的新发展。它主要是与阿尔赫西提斯港、巴塞罗那港、巴伦西亚港和毕尔巴鄂四个西班牙主要的港口相连，并通过不同的航线为货物运输提供方便的海上通道。目前，运行比较好的无水港基本都是政府行为，如俄罗斯卡卢加无水港和印度拉贾斯坦邦无水港的建设资金都是由政府提供的[1]，而且政府能很好地协调各相关部门的关系。世界上的无水港基本都是采取铁路运输的方式与母港相连，如坦桑尼亚的伊萨卡无水港、美国弗吉尼亚无水港和洛杉矶无水港等。距离母港较远的无水港主要通过多式联运系统为货主提供更环保低廉和快捷的海上运输通道，从而减少远距离公路运输，如伊萨卡无水港为卢旺达和布隆迪的内陆货主提供了海铁联运的综合运输方式；距母港中等距离的无水港可作为港口的时间和空间的缓冲地，如弗吉尼亚无水港每周五天都有专列，往来于无水港与弗吉尼亚港口之间，使弗吉尼

---

[1] 相反，运行不好的无水港一般都不是政府行为的，如美国的弗吉尼亚无水港就是由弗吉尼亚港务集团投资的。澳大利亚的恩菲尔德无水港。欧洲北海地区的无水港，由“欧洲地区发展基金”提供开发资金的50%，其余资金向相关港口、运输公司等筹集。巴基斯坦的锡亚尔科特无水港是由52家出口商以相似的出资比例组成的斯坦锡亚尔无水港公司来建设与管理的。

亚港口码头平均排队时间由85分钟降至13分钟，平均等候车辆由23辆降低至5辆；与母港距离较近的无水港的主要作用是缓解港口所在城市的交通压力，如美国的阿拉曼达走廊将洛杉矶港及长滩港与洛杉矶市区的货运中心连接，通过地下铁路线，将货物运输于港口或货运中心之间，避免了货物运输给洛杉矶市区交通带来的压力。

（2）深水港。

深水港就是水位在-15米以下的港口。第六代集装箱船及万箱位船，其吃水至少要14米。如要进港系泊，就要求航道水深和码头前沿水深均要在-15米以下。一个港口没有深水航道和深水泊位，就不能接纳大型集装箱船，只能是支线港、喂给港，只能为大型深水港配套服务。据不完全统计，2003年前，全球共有-15米以下深水港19个。它们是韩国的釜山港和光阳港，中国台湾的高雄港，中国香港港，新加坡港，日本的东京港、横滨港、神户港、名古屋港和大阪港，马来西亚的丹戎佩莱帕斯港，荷兰的鹿特丹港，德国的威廉港（亚德港），意大利的迪里雅斯特港，美国的洛杉矶港、南路易斯安娜港和奥克兰港，法国的敦刻尔克港和勒阿弗尔港。2005年，增加中国的上海港、湛江港、天津港和宁波港，比利时的安特卫普港，法国的马赛—福斯港，美国的纽约—新泽西港等7个港口。届时，全球共有-15米以下深水港27个。从2006年1月1日开始启用的宁波—舟山港，到2013年成为全球首个8亿吨港 ①，到2014年与江海联运服务中心港结合。

（3）自贸港。

自贸港是自由贸易港的简称，是指设在国家与地区境内、海关管理关卡之外的，允许境外货物、资金自由进出的港口。对进出港区的全

_____
① 根据中港网发布的2013年全球10大港口货物吞吐量统计。

部或大部分货物免征关税，并且准许在自由港内开展货物自由储存、展览、拆散、改装、重新包装、整理、加工和制造等业务活动。目前排名世界集装箱港口中转量第一、第二位的新加坡港、中国香港港均实施自由港政策，吸引大量集装箱前去中转，奠定其世界集装箱中心枢纽的地位。现在，世界上著名的自由贸易港有地中海沿岸的黎巴嫩贝鲁特港、摩洛哥丹吉尔港、西班牙休达港和阿尔梅里亚港，红海口外的南也门亚丁港、吉布提吉布提港，亚洲的马来西亚马六甲港、新加坡新加坡港、印度果阿港、中国香港港、中国澳门港，北海的联邦德国赫耳果兰岛港，北大西洋的英国百慕大群岛港，加勒比海的开曼群岛乔治敦港，巴拿马运河出进口的巴拿马城港、科隆市港，西非的利比里亚蒙罗维亚港，还有世界水量最大的尼亚加拉瀑布西岸的美国尼亚加拉瀑布城港和东岸的加拿大圣凯瑟琳斯市港，等等。同时，还要看到，港口的自动化程度在不断提升。仅中国的振华重工从 2002 年开始就在全球推广自动化码头设备，已为荷兰鹿特丹港、美国长滩岛港、英国利物浦港等全球重要港口的自动化码头提供几乎全部单机设备。目前，意大利 VADO 码头也使用了振华重工研发的自动化码头 ECS 系统。

4. 运输经济。

这是一个综合经济，既包括海上运什么，还包括海上怎么运，更包括海上运多少的问题。它是国际物流中主要的运输方式。它是指使用船舶通过海上航道，在不同国家和地区的港口之间运送货物的一种方式。海运业是资金密集型行业，发展中国家因缺少资金，大多数进出口货物运输都不得不受控发达国家的船队。中国也未能免遭这一厄运。虽然世界航运行业在近年来并不景气，但是与全球大型经济体相比，它的价值毫不逊色。目前全球的船队总价值为 9040 亿美元，按 10 年平均船龄来计算，还可以再运营 15 年，每年平均 600 亿美元，这个数目高于巴拿马的经济。2007 年至 2015 年的新船投资平均每年为 1270 亿美元，这个数目高于匈牙利的国民生产总值。2015 年，铁矿石的海运贸易总值大约和肯尼亚的国民生产总值相同，原油贸易价值为 7170 亿美元，几乎相当于土耳其的国民生产总值。整个海运贸易可达到 8 万亿美元左右，"接近中国的经济规模"。① 目前全球有 19% 的大宗海运货物运往中国，有 20% 的集装箱运输来自中国；而在新增的大宗货物海洋运输之中，有 60%～70% 是运往中国的。运输的需求决定运输的工具，可以从运输工具看运输需求的发展。从世界船舶总数量也可看出世界运输经济的大致端倪。目前全球船队船舶总数达到 92867 艘、12.5 亿总吨。其中，欧洲船队占最大份额，累计拥有 30155 艘船、5.6 亿总吨。亚太地区拥有的船队数量略小于欧洲。②

具体可以从四个角度来看海上运输经济的发展状况：一是从"世界最大"船的情况来看。这类船在 2016 年有 10 艘。③ 第一，世界最大的 LNG 动力乙烯船 "Navigator Aurora" 号，2016 年 9 月由江南造船集团为 NavigatorGas 公司建造。它的货物运输能力达 37000 立方米，能容纳高达 20000 吨乙烷 / 乙烯。第二，全球最大的双燃料汽车运输船 "TBN AUTO ECO" 号，2016 年 9 月 28 日由南通中远川崎建造，可以运输 4000 辆汽车。第三，世界最大的邮轮 "Harmony of the Seas" 号，2016 年 5 月 12 日由 STX 在法国建造。其总吨位达 22700 吨，长 362 米。第

---

① 航运界的"GDP"毫不逊色_博思网（http://www.bosidata.com/news/G81651K-TVA.html）

② 大数据揭秘全球船东真相，全世界到底有多少船东？又有多少船_搜狐（http://www.sohu.com/a/121314926_473276）

③ 这是根据国际船舶网经过筛选后提供的一份 10 艘 2016 年交付使用的"世界最大"船的名单。

四,世界最大的自升式钻井平台"Maersk Invincible"号,2016年10月由韩国大宇造船为马士基钻井建造。目前这座钻井平台已被移动至北海执行为期5年的合同。第五,世界最大的半潜式钻井平台"Ocean Great-white"号,2016年7月15日由韩国现代重工建造。其平台长123米、型宽78米,能在水深3000米作业,钻探深度达10670米。第六,世界最大的自航全回转起重船"振华30"号,2016年5月13日由振华重工自主建造。其以单臂架12000吨的固定吊重能力和7000吨360度全回转的吊重能力位居世界第一。第七,世界最大的风电安装船"Seajacks Scylla"号,2016年3月3日由韩国三星重工巨济船厂为Seajacks建造。其能够在超过65米深的水下安装组件。第八,世界最大的浮式生产储油卸油装置"Armada Olombendo"号,2016年10月由吉宝岸外与海事的全资子公司吉宝船厂建造,每天能够生产80000桶、注水120000桶,并能处理1.2亿标准立方英尺的天然气,可存储170万桶原油。第九,世界最大的反铲挖泥船"Magnor"号,2016年由荷兰Ravestein船厂建造。其可重吊不少于6.7万千克的疏浚物质,疏浚能力深达32米。第十,世界最大的特种模拟船"吴淞"号,2016年12月由沪东中华造船(集团)有限公司承建。这艘钢质的全功能液货船全长60.8米、宽10米,上层建筑共有4层。从这些最大船的功能就可看出世界运输经济的现状及未来发展的趋势。其中不仅有工程船,如钻井平台、风电安装船、疏浚船等,还有加工储存船,如浮式生产储油卸油装置——对原油进行初步加工并储存船,更有大宗商品运输船,如乙烯运输船、汽车运输船、液货运输船和邮轮等。由此可见,近年来,运输船舶的大型化已经成为趋势。起主要运输功能的船只在最大船系列中有1/3的比重,而且把运输的重点放在了运输乙烯、汽车、石油和游客上。二是从超大型矿砂船来看。海运矿砂是海上运输大宗商品的大头，而且运量在不断发展。这可以 2018 年 1 月 22 日新时代造船与韩国航运公司泛洋海运（Pan Ocean）正式签署 6 艘 32.5 万吨超大型矿砂船（VLOC）建造合同为标志。这也是新时代造船首次获得超大型矿砂船（VLOC）订单。据了解，作为世界第一大铁矿石生产和出口商，也是美洲大陆最大的采矿业公司的巴西淡水河谷公司目前已经与 7 家航运公司 [①] 签署了长期包运合同，包运合同期限为 20—25 年。截至目前，现代重工共计承接了 19 艘，分别为 Polaris 的 15 艘、大韩海运的 2 艘和 H-Line Shipping 的 2 艘，据悉，现代重工的 VLOC 每艘造价约为 8000 万—8200 万美元。另外，工银租赁在青岛北船重工订造了 6+3 艘 VLOC，定于 2019 年年底至 2021 年交付，每艘造价约为 7500 万美元。天津新港船舶重工获得了中国矿运的 4 艘 VLOC 订单，每艘价格约为 7500 万美元。而 SK Shipping 即将与大船集团签署 2 艘 VLOC 订单，预计每艘价格约为 7600 万美元。[②] 三是从全球超大型集装箱船只来看。随着 2017 年 5 月 12 日海上巨兽"东方香港"号命名仪式的举行，世界集装箱船进入一个 21000 标准箱级别的崭新时代。[③] 由此，"东方香港"号成为全球最大的集装箱船。排名全球第二集装箱船的是"Madrid Maersk"号，其标准箱的载运量为 20568TEU。排名全球第三集装箱船的是"MOL Triumph"号，其标准箱的载运量为 20150TEU。排名全球第四集装箱船的是"Barzan"号，其标准箱的载

① 这 7 家航运公司是韩国 Polaris Shipping 公司、泛洋海运公司、H-Line Shipping 公司、SK Shipping 公司、大韩海运公司、工银租赁公司和中国矿运公司等。
② 新时代造船首获超大型矿砂船订单_中国钢材网（http://news.steelcn.cn/a/115/20180125/9354337613E047.html）
③ 这是东方海外国际主席董建成先生在典礼的致辞中说的："这是个令集团所有人兴奋的时刻，因为这是我们第一次接收 21000 标准箱级别的巨轮。'东方香港'号以其 21413 个标准箱的载运量，实在是海上集装箱货轮中的巨人，为东方海外创造了重要的发展里程。"

运量为19870TEU。排名全球第五的集装箱船的是"MSC Oscar"号,其标准箱的载运量为19224TEU。最后一艘超大型集装箱船是"中海环球"号(CSCL Globe),其标准箱的载运量为19100 TEU。这些超大型集装箱船都是在2014年至2017年造成的。又根据Alphaliner数据显示,截至目前,全球已交付了54艘18300—21400TEU集装箱船,未来两年还将交付51艘。这些18000TEU以上的大型集装箱船都有着类似的尺寸参数——型宽58.6—59米,甲板可排放23排集装箱,货物舱可排放21排集装箱,长395—400米,可放置24列40英尺的集装箱。[1]四是从油轮船情况来看。油轮有广义和狭义之别。广义油轮是指除了运输石油的船外,还包括装运石油的成品油、各种动植物油、液态的天然气和石油气的船;狭义的油轮就是指运输原油的船。大型油轮又有超级油轮(简称VLCC)和巨型油轮(简称ULCC)的不同。超级油轮是指载重量16万—32万载重吨的大型油轮;32万载重吨以上的称为巨型油轮。从船舶吨位来看,总吨位仅为10万吨左右的美国尼米兹级航空母舰和最大吨位只在15万吨左右的豪华邮轮、集装箱船在它的面前也甘拜下风。世界上第一艘油轮是德国的"好运"(Glückauf)号,1886年7月13日首航,可以载3000吨油。第一艘超过10万吨的油轮是1959年日本造的"宇宙·阿波罗"(Universe Apollo)号。首次超过20万吨的油轮是1966年12月造的"出光丸"(Idemitsu Maru)号。首次超过30万吨而且一下子造了6艘宇宙爱尔兰级(每艘32.6万吨)在1968年的日本完成。首次超过40万吨的"Berge Emperor"号于1975年年底在日本造就。首次突破50万吨达到55.3万吨的是1976年法国人造的"Batillus"号。2001

---

[1] 全球最大的6艘集装箱船盘点_国际船舶网(http://www.eworldship.com/html/2017/OperatingShip_0522/128294.html)

年和2002年，韩国大宇重工建造了四艘45万吨的双壳油轮，它们是20年来第一批超过40万吨的油轮。至今，世界上最大的油轮还是1975年日本住友重工业为中国香港船主董浩云打造的"诺克·耐维斯"号。

这些最大型和超大型船舶的发展预示着人类经济发展的运输能力将再次被开发出来。尤其是超级油轮的兴起，既是技术进步发展的结果，更是经济发展尤其是对石油能源利用需求发展的结果。同时，运输船舶大型、超大型和最大型方向发展也改变了世界航贸路线甚至是国家的命运。其中，以港兴国的新加坡兴起就是海上运输发展的结果。应该看到，港口吞吐量反映的是全球的贸易量，而全球贸易量又是宏观经济情况的一种体现。2016年以来的世界港口业是在2015年全球GDP同比增长3.09%，较2013年的3.40%和2014年的3.39%同比增速有所下滑的情况下有所发展的——随着全球经济的复苏，以及大宗干散货市场的回暖，2016年国际干散货运输市场呈现了一种增长态势，波罗的海干散货航运指数全年增长100.1%。虽然全球经济逐步企稳，全球制造业PMI指数缓增至52左右，全球港口吞吐量也在保持增长，但总体上，国际贸易需求仍然复苏乏力，仍受全球性产能过剩、消费需求不足、新兴市场国家经济疲软等因素影响。①

现在，运输经济正在遭受海盗和偷渡的挑战与骚扰。由此，全球又产生了海盗经济和偷渡经济。它们虽然属于负向的问题经济，但也是海洋经济发展不可轻视的问题。海盗经济是自从船被发明的那一天起就有的，自有了可以在海上行驶的船，就有了经济方式。特别是航海发达的16世纪之后，只要是商业发达的沿海地带，就有海盗出没，就有海盗

---

① 2017年中国港口行业市场概况分析及行业发展趋势分析_中国产业发展研究网（http://www.chinaidr.com/tradenews/2017-04/112167.html）

经济。古希腊史学家布鲁达克（Plutarch）曾经定义过"海盗"，就是那些非法攻击海上船只以及沿海港口及其城市的人。所以，海盗经济是随运输经济形成、兴起和发展而来的经济。现在最猖獗的海盗经济在索马里海域。自1991年索马里内战爆发以来，亚丁湾一带海盗活动更趋频繁，被国际海事局列为世界最危险的海域之一，曾多次发生劫持、暴力伤害船员事件。海盗每劫持一艘船，平均可获100万—200万美元，劫持了"斯特拉·玛丽斯"后，索要赎金达300万美元。2008年，赎金总额可能在1800万—3000万美元。全球每年损失250亿美元。巨大的赎金使海盗活动变得更加猖狂。而自进入21世纪第二个10年开始兴起的地中海偷渡经济，在2015年左右时曾经迎来过爆炸式的增长。英国广播公司（BBC）在一篇报道中将组织偷渡的地中海蛇头网络比拟为"跨国企业"。因为现在的地中海蛇头早已不是人们从前想象的渔民或船夫单打独斗的营生了。"他们很聪明。他们是能废寝忘食，只为想方设法要把偷渡船弄进欧洲的人。他们读报纸，研究欧洲法律，钻研欧洲边防局动向。"事实上，目前已经出现了纵横整个撒哈拉以南非洲，取道利比亚，再进入欧洲的"一条龙"偷渡服务，其一年的产值就有3亿—6亿欧元。对每一个蛇头来说，向每名偷渡者收费1000美元，一艘船能坐200人，一周入手就有上百万美元。其实这个问题自2010年"阿拉伯之春"以来就一直存在。2015年上半年就有1914名偷渡者死在地中海。2013年10月5日，一艘偷渡船在意大利兰佩杜萨岛附近起火并沉没，超过300人丧命，但这并没有吓住偷渡者。联合国难民署2015年曾经保守估计，2015、2016两年至少有85万难民穿越地中海到达欧洲国家寻求庇护。难民潮的主要出发点——利比亚在推翻卡扎菲之后内战激烈，社会严重失序，边境洞开，又因为地理上接近意大利，周边多个近乎赤贫、同样存在人道危机的国家，如乍得、苏丹、塞拉利昂、厄立特里亚和索马里等，稍有能力的人就会选择经过利比亚，冒险前往地理上最接近的欧洲。①

5. 制度经济。

这是权利经济的一种体现，而且是一种稳定性很高的体现。随着海洋在人类生活中的地位和作用越来越大，海洋矛盾和争端对人类的挑战性也越来越大。开始时，也就是海洋制度经济之前，海洋经济就是一种权力经济。权力越大，权利就越大。当权力被战争力主宰的时候，海上军事力量就决定着海上权利。这是马汉的基本观点。西方国家正是在这种观点的指引和指导下，才不断挑起了一系列海洋战争，包括发动了第二次世界大战中的太平洋战争。联合国的成立主要是为了世界和平。所以，虽然联合国从其初期的"联合国军"到现在的"联合国维和部队"都没有缺少军事力量的支撑，但利用制度和程序来维护和维持世界和平还是一种趋势。用制度的思维来解决海洋矛盾和海洋冲突还是慢了一步。虽然从第二次世界大战一结束，人们就在探讨海洋制度建设，但一直到第二次世界大战结束快30年即1972年时，才通过了一个涵盖早前几项公约②的全新的、具有整合性的、法公约的海洋制度。那就是1982年12月10日联合国大会通过的拥有17个部分、320条款项以及9个附件的庞大的海洋法公约体系，即《联合国海洋法公约》(*United Nations Convention on the Law of the Sea*)。它实际还开启了海洋制度经济发展

---

① 地中海偷渡产业何以会爆炸式增长？_新浪网(http://news.sina.com.cn/zl/world/2015-09-16/11364536.shtml)
② 一般是指《领海和毗连区公约》《公海公约》《公海渔业与生物资源养护公约》和《大陆架公约》。

的序幕。这个公约在第60国签署①后,于1994年11月16日正式生效。截至2016年,《联合国海洋法公约》共有167个缔约国(组织),其中有163个联合国会员国、1个联合国观察员国巴勒斯坦、1个国际组织欧盟、2个非会员国库克群岛和纽埃。还有,虽然签署了但尚未被批准的国家15国,包括阿富汗、阿联酋、埃塞俄比亚、不丹、布隆迪、朝鲜、哥伦比亚、柬埔寨、利比亚、列支敦士登、卢旺达、美国、萨尔瓦多、伊朗、中非。还有就是还没有签署的国家16国,包括阿塞拜疆、安道尔、厄立特里亚、梵蒂冈、哈萨克斯坦、吉尔吉斯斯坦、秘鲁、南苏丹、圣马力诺、塔吉克斯坦、土耳其、土库曼斯坦、委内瑞拉、乌兹别克斯坦、叙利亚、以色列。所以,《联合国海洋法公约》在海洋经济的制度建设上具有非常重要的地位和作用。它一方面是第二次世界大战结束后对海洋制度探讨和探索的一个结果,另一方面也使海洋经济进入了一个制度经济的层次和境界。其实,这也是人类最大和最初的海洋经济制度,它将发挥最大的海洋经济效益。

自1994年《联合国海洋法公约》生效开始,世界各海洋大国也纷纷出台相关制度,如法规、政策、展望、蓝图、指标体系、年鉴年报、白皮书、报告等,以此来引起对海洋利益的关注和引导海洋经济的发展。目前,全世界有100多个国家制订了详尽的海洋经济发展规划,尤其是美国、加拿大、英国、澳大利亚、日本等海洋经济发展大国均从国家战略的高度认识和协调了海洋经济的发展问题。1994年以来,美国相继发表了《海洋活动经济评估》和各类海洋经济活动分析报告,并且在不断加快和加强海洋立法。1997年,加拿大通过了《加拿大海洋法》;

---

① 从南太平洋岛国斐济1982年12月10日第一个批准该"公约"到1993年11月16日东北濒大西洋的圭亚那交付批准书止,已有60个国家批准《联合国海洋法公约》。

1998年，澳大利亚通过了《澳大利亚海洋政策》；2007年，日本通过了《海洋基本法》；2009年，英国正式批准了由11个部分组成的《英国海洋法》。① 现在，国际上正在就深海、极地、海洋垃圾、海洋酸化、海洋脱氧、海洋保护区等热点议题在制定规则。②

现在的海洋制度还在一个初创期。对《联合国海洋法公约》，一是它还不是一个严格意义的法制度，只是一个"半公约半法律"并以公约为主的涉法制度。所以，它缺乏强制性，既要通过签署和批准，又可以自行退出。二是它还不是一个海洋制度，至多属于一个涉海制度。主要是它是陆地思维的产物，是一个以陆地为中心来划分海洋权益的制度，是一种划海洋面积的制度，而不是以海洋为中心的制度。其中的海岛虽然与海洋有关，但是一个土地概念。三是它是一个正向表述的制度，而对违背正向表述的行为没有惩罚措施。从这个特点来看，它应该属于政策，而不是法律。四是它是发展中国家集中发力的结果。它针对前两次海洋会议发展中国家只占一半的情况。它是一种以众多小国裹挟大国的制度。佐证之一是，大国基本是在批准国达到60个国家后，才逐渐签署和批准的。由此来看，在海洋问题上，是发展中国家裹挟了发达国家。五是它还不是一个公共海洋的制度。它至多是一个有"公海"的海洋制度。其实，海洋发展到现代，已经是一个"人类公共池塘"的地步。海洋应该成为地球上每个人和每个民族共享的资源。现在海洋制度所规定的海洋权利和海洋权益只限定在有海洋的国家，如内水、领海、邻接海域和专属经济区都与领海基点和基线有关。那些没有海洋及其领海基

---

① 姚朋.世界海洋经济竞争愈演愈烈［J］.中国社会科学报，2016（1104）.
② 乘势而上 再接再厉 扎实做好2018年重点工作——王宏在全国海洋工作会议上的讲话（摘登）_360个人图书馆（http://www.360doc.com/content/18/0125/20/40126838 725077355.shtml）

线的国家，其海洋权利和权益几乎难以落实。

6. 科技经济。

在海洋领域，海洋科技有特指和泛指两层含义。海洋科学技术的特指概念主要就是一个海洋工程的技术概念。它虽然以科学为基础，但表现的主要是一门技术，一门以综合高效开发海洋资源为目的的高技术。这个技术包括深海挖掘、海水淡化以及对海洋中的生物资源、矿物资源、化学资源、动力资源等的开发利用方面的技术。而泛指的海洋科学技术不仅是一个海洋科学和海洋技术组合的状态，更是一个以科学为主和为导的状态。这与对"科技"的英文表达有两种有关：一种是"science and technology"，还有一种是"scientific technology"。它不仅包括对物理原理的科学性，而且包括对意识认知的科学性，还包括对制度措施的科学性。其中，科学解决的是方向和方面的问题，而技术解决的是对理念的实现及其程度的问题。之所以把它们放在一个经济角度审视，主要是看它们为民、为国和为人类服务的程度。按照服务经济的基本原理出发来看，服务是体现经济价值的主要渠道和路径，而服务主要是对人的需要和需求的满足。在美国，既是科技，又能产生经济效益的领域有海洋工程、海洋旅游、邮轮经济、海洋生物医药、海洋风力发电等。它们都居于世界领先地位。美国亦是极少数能从 1500 米以上深海完成油气钻探和开发的国家之一。[①] 应该看到，美国在发展海洋科技方向上的战略地位和作用无与伦比。美国不论在海洋科技上，还是在战略上，都具有一种不可代替的地位和作用。只是其中只有很少部分容易被其他国家理解，而更多方面只有被其他国家逐渐认识了。现在，海洋科学技术面临如下重要课题：一是海洋农牧化科学技术。吃的问题历来

---

① 姚朋.世界海洋经济竞争愈演愈烈［J］.中国社会科学报，2016(1104).

是一个战略问题。问题在于，海洋提供的食物能否达到人类所需食物的70%，海洋能否成为人类动物蛋白质的主要来源①，海洋能否成为人类大脑 DHA 的主要提供者。二是海水综合利用科学技术。水资源短缺也是一个重大的战略问题。它一般有成本问题、数量问题和成分除去盐分尽量保存问题。关键还在于如何做才能不会因为海水淡化而危害和改变海洋生态系统及其平衡。三是海底油气勘探开发科学技术。能源问题是人类社会发展的战略问题。海底油气资源勘探和开发又是人类下一步能源的主要来源。勘探和开发海底油气资源又是技术密集型产业，稍有不慎，就会对海洋和大气造成重度污染。四是深海科学技术。深入深海也是人类发展的一个重要战略。深海既有丰富的资源，如多金属结核、钴结壳、多金属硫化物、天然气水合物资源、深海生物基因资源，更是一个陌生世界，不确定因素很多，随时都会发生"断崖式跌落"现象。它需要深入深海的技术、深海潜水器技术、挑战深海水压的技术。五是海洋观测（监测）技术。这既需要全球合作，又需要多学科和多种技术手段配套和配合。它包括气候监测评估和预报、海洋环境观测评估及预测、海洋生物资源评估、沿海环境和海洋灾害评估和预报。它需要海洋学及其应用，需要海洋浮标，需要海洋电子和网络技术、海洋遥感技术、海洋绘图技术、水声学科学技术等技术的支撑。六是需要进一步创新和完善的造船技术、航海技术、海水养殖技术，等等。其中，在造船技术上，怎么把船越造越大，怎么使船越来越快是急需研究的。在航海技术上，近来，军舰和民用船相撞、油船和散货船相撞等事件引起人们

---

① 按照传统观念来看，一般都认为蛋白质主要来源于肉类。其实鱼类的蛋白质含量比肉类要高得多。根据《家庭日用大全》提供，每100克鱼肉的蛋白质含量是：黄鱼17.6克，带鱼18.1克，青鱼19.5克，鲫鱼13克，花鲢15.3克，黄鳝18.8克。而每100克肉类的蛋白质含量却只有：肥猪肉2.2克，瘦猪肉16.7克，肥瘦牛肉17.7克，肥瘦羊肉13.3克。

的关注。在海水养殖上，如何减少和缓解因海水养殖而产生的妨碍养殖生产活动、破坏渔业水域使用条件、损害渔业资源、破坏海洋生态环境等负面影响是人类面临的一个战略问题。

既是为了服务人类自身的发展，也是为了认识海洋和保护海洋，人类对海洋的科学技术正在进入一个新的时代。人类在这方面的发展也即将进入一个井喷状态，现在已经有了一个良好的开端，如可燃冰开采技术。自20世纪60年代起，以美国、日本、德国、中国、韩国、印度为代表的一些国家都制订了天然气水合物勘探开发研究计划。苏联、加拿大、美国和中国已经实现了可燃冰开采。世界上除了中国之外，只有日本、法国、俄罗斯、美国拥有深海载人潜水器。但是日本、法国、俄罗斯这3个国家的载人潜水器最大工作深度均未超过6500米，经常下潜深度在5000米以内。 唯有美国"的里雅斯特"号在1960年1月23日下潜深度达10916米（近11千米）。世界海水淡化总量已接近3000万立方米／日，并且以10%～30%的速度在增长，中东地区占60%，美洲占20%，其他国家占20%。沙特阿拉伯的海水淡化厂占全球海水淡化能力的24%。阿拉伯联合酋长国每年可产生3亿立方米淡水。美国、英国、日本从技术上都是比较成功的。

但应该看到，人类的海洋科学技术相比人类对海洋的需求来说，还只是九牛一毛。人类在海洋上的每一次进步都离不开海洋科学技术的支撑。海洋经济的每一步发展都离不开海洋科学和技术的突破。人类在海洋面前尤其感到自身的渺小和软弱。人类至今无法提前预知海啸，难以最大限度地利用台风为人类的生产和生活服务，对海洋里的无浮力水性和水流及其分布和流向几乎是一无所知，对利用海洋资源的同时，又防止海洋污染的问题都难以解决。同时，从前面的对"科学技术"的英文表达"scientific technology"中可推导出，在海洋方面还有"科学的系统"（scientific system）、"科学的制度"（scientific regulations）、"科学的思想"（scientific idealogy）、"科学的观点"（scientific opinion）和"科学的意识"（scientific consciousness）等科学系列和序列。它们对应的都是"非科学"和"伪科学"的东西和状态。由此来看，现在的"科学"其实并未进入一个真正科学的状态。人类发展的真正科学状态就是一种人既要利用自然及其生态，又要与自然和谐相处与生态和睦与共的状态。以往所谓的"科学"发展都是又要靠后来的科学再发展来弥补其副作用的。这要求后来发展起来的科学层次和程度要更高、更远和更深入。但从现在的科学视野来看，之前发展的科学技术所造成的对生态和环境的污染和破坏就具有一种不可逆转性、不可瓦解性和不可代替性，只是它们在不同的科学技术中的程度有所不同而已。

7. 生态经济。

虽然生态一直都有经济效应，但把"生态经济"作为一种经济方式还是现代的事情。现在看海洋生态经济应该包含两个方面：一是被动性海洋生态经济，二是主动性海洋生态经济。现在一般都是被动的海洋生态经济，主要是对已经污染的海洋和再开发海洋中碰到的生态问题如何解决。但人类更需要主动的海洋生态经济的发展，主要是要能主动利用海洋生态特性和运行规律来发展经济的方式，就是怎么把对海洋生态的利用常态化、规模化、无污染化和技术化。

现实情况是，海洋生态经济基本都是对被污染、被侵害、被损坏生态进行修复所产生的经济效益。例如，全世界每秒钟都有超过200千克塑料被倾倒入海洋，现在全球平均每年会产出4800亿个塑料瓶，并以3%～4%的年增长率在增加，累计每年有超过800万吨塑料留在海洋中。海洋中大约有 5 万—50 万亿吨塑料碎片。到 2020 年，塑料废弃物的生产速度将达到 1980 年的 9 倍，每年的产量将达到 5000 万吨。预计未来 10 年内，海洋中的塑料会比鱼类还多。与此同时，2030 年之前，全球人口将达到 85 亿，中产阶级会增加至 50 亿，这对于鱼类食品安全也会带来更大挑战。还有很多人认为海洋是一个垃圾桶还在最大化地利用海洋资源、掠夺海洋产品，而忽视了保护海洋的义务。[①] 近年来，这些百分百由人类活动造成的塑料废弃物已经在太平洋、大西洋和印度洋堆积成 5 个巨大的垃圾岛。海洋中 80% 的垃圾来自地面，其中有 15% 的垃圾漂在海面，15% 的垃圾在海面以下顺水而动，还有 70% 沉积在海底。[②] 这些废弃物虽然有些可以在 6 个月内降解消失，有些却可能在海洋中存留数百年。怎么降解这些废弃物是生态技术要解决的。其实，现在生态危机正在逼近和不断加重，即将全面启动威胁人类生存的程序。生态危机原则上就是一种生存危机，现在呈现的有水污染、土地污染、空气污染、气温上升等地球生态的变化，如因石油泄漏造成的墨西哥湾污染[③] 和因 "3·11" 地震引起的日本核污染[④] 等事件都将导致最后人类会全部被宇宙射线无情地射杀而死。同时，由于地球生态变化还会带来如下一些 "次生" 变化：一是由于海水温度的上升，必将引发海平

---

① 2030 年前全球海洋经济规模将增 3 倍 _ 中华网（http://news.china.com/finance/11155042/20171209/31787937.html）

② 这是世界绿色和平组织 2016 年 8 月 25 日发表报告的基本内容。

③ 这是美国历史上最严重的生态灾难。事件发生在 2010 年 4 月 20 日，由水下井喷事件造成，漏油总量在 1700 万—3900 万加仑，是美国历史上最为严重的同类事件。

④ 这是人类至今历史上最严重的海水核污染事件。2011 年 3 月，里氏 9.0 级地震导致位于日本福岛县目前全世界最大的核电站福岛核电站（Fukushima Nuclear Power Plant）两座核电站反应堆发生故障，继而发生由泄漏到反应堆厂房里的氢气和空气反应的爆炸。据日本经济产业省原子能安全保安院 2011 年 3 月 30 日说，福岛第一核电站排水口附近海域的放射性碘浓度已达到法定限值的 3355 倍，这是发生核泄漏以来，日本方面在这一水域检测到的最高相关数值。

面的上升，而海平面的上升又将淹没沿海很多城市。二是由于地表温度的上升，又将激活沉睡万年的有害细菌。据报道，俄罗斯西伯利亚涅涅茨爆发的炭疽病^①就与被低温压在地表之下的有害细菌复苏有关。现在这个星球上还有很多这样被压在低温地表之下的有害细菌。这些细菌一旦复苏，就会对人类的生存形成威胁。三是由于大气中碳等化学物质含量的增多，大气随时都有可能发生大爆炸，如同房间里的煤气含量增多到一定程度，就很容易发生爆炸一样。地球大气一旦整个地发生剧烈和彻底的爆炸，就会撕裂整个地球大气。于是，地球上的海水会因为没有大气的保护而不用 5 年就会蒸发掉或者漏掉。现在地球之所以能吸住水，虽然也与地球有引力有关，但最主要的还是与地球的大气罩力有关。如果没有了罩力，地球的整个生态就会发生整体性的崩溃。

虽然现在人类对待海洋生态已有了养护的概念，但其速度远远慢于生态变化甚至恶化的速度，而且差距在越拉越大。因此，人类要管理甚至还要治理。其中，管理还是针对常态的方式方法，而治理是针对病态的方式方法。人类应该采取主动、积极、有力的措施对待生态的变化和恶化，但生态是系统、有机和连续的，对策和措施稍有不慎，就会发生连锁反应，最终使生态的多米诺骨牌倒塌。

（三）中国范围内的海洋经济发展状况

中国的海洋经济和世界海洋经济一样，也是可以分为海洋时代的

---

① 这是 1 万年前，当这个星球最后形成现在这种运行状态的时候，蒙古及西伯利亚的气候和生态都发生了急剧的变化。大量的动物被冻死并被埋在了冻土下面。动物尸体也是基本处于被冻状态。但随着现在这个星球气温的上升，冻土被慢慢融化，随之被冻土冻住的动物尸体也在慢慢化解和腐烂。当初被冻住的细菌也在慢慢复苏。参考：俄罗斯西伯利亚一自治区爆发炭疽疫情 20 人感染 1 人死亡 _ 中国新闻网（http://www.chinanews.com/gj/2016/08-02/7959915.shtml）

海洋经济和非海洋时代的海洋经济。中国海洋经济的发展到现在已有自己的发展指数。这些用于对海洋经济发展评价的指数包含三方面:"发展水平",主要以海洋经济发展规模、结构、效益和开放水平来体现;"发展成效",主要由海洋经济发展的稳定性和民生改善的状况来体现;"发展潜力",主要由海洋经济创新驱动和资源环境承载能力来体现。这是海洋经济发展的一项重要指数。它以 2010 年为基期,基期指数设定为 100。根据这个指标体系,到 2016 年,中国海洋经济发展的指数是124.5,海洋生产总值为 7.05 亿元,比上年增长 6.8%。评价结论是,总体运行趋于放缓。在 2010 年至 2016 年期间,中国海洋生产总值年均增速 7.9%。2016 年增长 6.5%。[1] 在最近 5 年中,全国海洋生产总值保持 7.5% 的年均增速,总量已占到了国内生产总值近 10%。据初步估算,中国海洋生产总值将达到 7.8 万亿元;[2] 到 2020 年,海洋生产总值将力争达到 10 万亿元;到 2035 年,力争实现中国海洋经济总量占国内生产总值的比重达到 15% 左右。[3]

1. 港口经济。

中国的港口经济发展到 2017 年,有两个论坛的召开应该引起足够重视:一是在青岛召开的由青岛港承办的第十八届东北亚港口论坛。这论坛有来自东北亚的港口代表参加,研讨的热点是"智慧港"问题,追求港口和物流的一种协调发展状态。二是由中国港口协会和周口市人民政府在郑州市联合举办的"2017 中国临港经济发展论坛"。该论坛以"以港兴市、通江达海、联动发展"为主题,共同谋划港口区域经济发

---

① 中国海洋经济发展指数是对一定时期中国海洋经济发展的综合量化评价。
② 这是国家海洋局局长王宏在 2017 年 1 月 21 日全国海洋工作会议的报告中提出的数据。
③ 2020 年中国海洋生产总值力争达到 10 万亿元_中国新闻网(http://www.chinanews.com/cj/2018/01-21/8429652.shtml)

展，推进水运港口与内陆港联动发展。这两个论坛，一个国际的和一个国内的，关于港口建设和发展的论坛既响应了"一带一路"倡议和"江海联运"思维，又预示了中国港口业发展的现状和趋势；既要重视中国港口在东北亚港口系统中的地位和作用，又要重视国内临港工业的发展。临港工业一般是由仓储业和加工业的两个子业系统组成。同时，也在预示"无水港"要有大的发展。

至今，中国港口的吞吐量仍然保持升势，并在全球港口行业中占据显要地位。20世纪90年代以来，亚洲国家经济迅速增长并逐渐发展成为世界制造中心，由此形成了以中国为中心的亚洲地区正逐渐发展成为世界的港口航运中心。2016年，全球货物吞吐量排名前10名的沿海港口中，有9个是亚洲港口，其中中国内地港口占据7席。[①] 国内港口运输的货物主要是铁矿石、煤炭及原油。但有三个趋势应该引起重视：一是干散货的进口量开始下滑，二是原油的进口量逐渐降低，三是铁矿石的进口增速快速下降。[②] 由此可能会引起中国港口行业竞争格局的变化。中国现在的港口格局是沿着整个海岸线布局的，总体上分为五大区域，并形成五大"港群"，它们是长三角港群、环渤海港群、东南沿海港群、珠三角港群和西南沿海港群。所谓"港群"，一般由若干个港口组成。在"港群"内部，根据重要程度，又可分为主枢纽港、重要港和一般港，形成一种以主枢纽港为中心、其他港口起辅助作用的运行状态，并以"港群"内部组织化的程度分为"群港""团港"和"集港"。其实，不同"港群"之间因为距离及辐射腹地的不同，相互之间的竞争性相对较小。

---

① 它们依次排位是：宁波—舟山港、上海港、新加坡港、天津港、苏州港、广州港、唐山港、青岛港、鹿特丹港、黑德兰港。

② 虽然到2015年，铁矿石进口量同比还增长了2%，但到2016年上半年，铁矿石进口量就下滑了9%，首次出现了进口负增长。

在一个"港群"内部的各港口之间因未统一规划而逐渐出现了产能过剩及过度竞争的问题、重复建设及其资源利用不足的问题，且越来越明显而趋于严重。现在，"港群"基本都处在一个乌合之众的"群港"状态，组建"团港"和"集港"的任务任重道远，但又势在必行。同时，还要加强中国各个"港群"之间的组织化、统筹化和协作化的程度，因为从世界格局的角度来看，中国沿海的港口带只是西北太平洋"港群"的组成部分。如果中国港口不能组成一个"团体"或者"集体"并形成合力，就会被他国的"团港"或者"集港"各个击破。

在建设和运行上，中国港口在 2017 年有如下亮点：一是 2017 年 12 月 10 日上海港洋山深水港四期开港。这标志着在上海东南部，远离陆地逾 30 千米，在一座原来不到 2 平方千米的小岛，摇身一变成了世界第一座海岛型深水集装箱港区。由此，上海洋山港又进入了一个新的发展状态。从 20 世纪 90 年代初全球港口排名前 20 都找不到上海港的名字到如今上海港的集装箱吞吐量连续 7 年排名世界第一，再到洋山四期开港后上海港年吞吐量将突破 4000 万标准箱，达到目前全球港口年吞吐量的 1/10[①]，是上海港发展的三个阶段，也代表中国港口业发展的三个阶段。二是中国无水港的发展。以 2014 年 5 月 16 日"中国港口协会陆港分会"在西安成立为标志，中国的"无水港"发展进入了一个新阶段。"无水港"其实是小名，"陆港"才是其学名。陆港是沿海港口在内陆经济中心城市的支线港口和现代物流的操作平台，一般设在内陆经济中心城市铁路、公路的交会处，便于货物装卸、暂存的车站。中国无水港的建设尚处于起步阶段，主要有以下三种建设主体模式：第一种以沿

---

① 全球最大的自动化码头上海洋山港正式开港＿中国经济网（http://www.ce.cn/cysc/jtys/haiyun/201712/10/t20171210_27190927.shtml）

海港口为主体组建无水港，如天津港。目前，天津港与内地合作，陆续建成了北京朝阳陆港、石家庄内陆港、河南公路港、包头无水港和宁夏惠农陆路口岸五个内陆无水港。第二种以内陆地区为主体组建无水港，如西安国际港区。西安是第二亚欧大陆桥沿线经济带的中心节点城市。项目建成后，将沿海港口的服务向内陆转移，将以西安为中心的西部地区进出口货物直接与航空、铁路、公路、水路进行对接，西安也将成为国际物流网络中重要的枢纽节点。第三种以港口和内地合作为主体组建无水港，如东北四市联盟组建无水港。2005年6月在大连召开的第二届东北四城市市长峰会达成的一项重要成果，即"以大连为门户，在长春、哈尔滨、沈阳建立内陆无水港"。这一项目使大连港的货源辐射腹地由周边地区扩大至整个东三省，对货源的控制能力明显增强。2013年5月，联合国亚洲及太平洋经济社会委员会第69届年会在泰国曼谷召开。在会上，27个成员国的240个城市被确定为国际陆港城市，中国有17个城市被列入，分别是浙江义乌，吉林长春、珲春，黑龙江哈尔滨、绥芬河，内蒙古满洲里、二连浩特，新疆乌鲁木齐、霍尔果斯、喀什，西藏樟木，广西南宁、凭祥（友谊关），云南昆明、景洪、瑞丽、河口。义乌是中国东部地区唯一被列入的内陆城市。[1]

2. 渔业经济。

进入21世纪后，中国的海洋渔业经济进入了远洋渔业比重逐渐加大的阶段。

2011年，中国水产品总产量5603.21万吨，比2010年增长4.28%。其中，养殖产量4023.26万吨，同比增长5.08%；捕捞产量1579.95万

---

[1] 实现"无水港"功能，浙江义乌发出首列国际始发港货运专列_网易新闻（http://news.163.com/14/1106/19/AAD0P5MR00014SEH.html）

吨，同比增长 2.32%。养殖产品和捕捞产品的比重为 72：28。中国水产品人均占有量 41.59 千克，比上年增加 1.52 千克、增长 3.79%。总产量中，海水产品产量 2908.05 万吨，占总产量的 51.90%，同比增长 3.95%。其中，海洋捕捞产量为 1241.94 万吨，同比增长 3.19%；远洋渔业产量 114.7 万吨，同比增长 2.81%；淡水产品产量 2695.16 万吨，占总产量的 48.10%，同比增长 4.65%。分地区来看，目前中国水产品产量在 100 万吨以上的省市包括山东、广东、福建、浙江、江苏、辽宁、湖北、广西、江西、湖南、安徽、海南、河北、四川等。渔业经济的结构包括渔业、渔业流通和服务业、渔业工业和建筑业。根据联合国粮农组织（FAO）的资料，中国水产品总产量的增加，大部分源于水产养殖，而非海洋捕捞。众所周知，中国养殖鱼类几乎占世界养殖鱼总量的 2/3。2016 年，中国水产品总产量为 6900 万吨，比 2015 年增产 200 万吨。中国养出包括 200 多种和亚种的鱼类、300 多种不同的水生物种。[1] 中国渔业经济总产值为 22019.94 亿元，如图 3-2 所示。

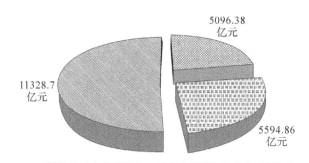

图 3-2 渔业经济总产值 [2]

---

[1] 2016 年世界最大渔业国家年产量 6900 万吨，却受到外媒质疑！_百度（http://m9.baidu.com/feed/data/landingpage?dsp=wise&nid=1157704166246848296 5&n_type=1&p_from=4）

[2] 2016 年全国渔业经济总产值、水产品产量及水产品进出口情况分析_产业信息网（http://www.chyxx.com/industry/201610/461896.html）

中国水产品产量连续26年居世界第一，占全球水产品产量的1/3以上，全世界养殖的每4条（只）鱼（虾）中，有3条（只）以上来自中国。如今，中国已成为世界第一渔业生产大国、水产品贸易大国和主要远洋渔业国。

中国发展渔业生产的历史悠久。中华人民共和国成立后，尤其是1978年改革开放以来，中国渔业得到了飞速发展。1985年，中央在农产品中率先放开水产品的价格。从1988年开始，人工海、淡水养殖的产量也历史性地第一次超过了天然捕捞的产量。这是中国渔业实行产业结构调整实现养殖产量超过天然捕捞产量的历史性大转变。到如今，中国水产养殖产量实现占国内水产品总产量和世界水产养殖总产量的两个70%。2013年7月30日，习近平总书记在主持中央政治局第八次集体学习时明确提出，要全力遏制海洋生态环境不断恶化趋势，让人民群众吃上绿色、安全、放心的海产品，享受到碧海蓝天、洁净沙滩。中国经济发展进入新常态以来，虽然水产品供给总量充足，但结构不合理，发展方式粗放，不平衡、不协调、不可持续问题非常突出，渔业发展的深层次矛盾集中显现。资源环境约束趋紧，传统渔业水域不断减少，渔业发展空间受限。水域环境污染依然严重，过度捕捞长期存在，涉水工程建设不断增加，主要鱼类产卵场退化，渔业资源日趋衰退，珍稀水生野生动物濒危程度加剧，实现渔业绿色发展和可持续发展的难度加大。此外，水产品结构性过剩的问题凸现，不适应居民消费结构升级的步伐，渔民持续增收难度加大。大宗品种供给基本饱和，优质产品供给仍有不足，供给和需求不对称矛盾加剧。水产品质量安全风险增多，违规用药依然存在，水环境污染对水产品质量安全带来的影响不容小觑等。根据统计年鉴的数据显示，2013—2015年，中国居民人均水产品消费

量已经从 10.4 千克增长到 11.2 千克。2015 年年底，中国水产品总产量
已达到 6700 万吨，2016 年年底达到 6900 万吨。[①]

水产品加工业作为一种以水产捕捞和养殖的产品为原料，进行保
鲜、贮藏或加工成各种形式的食品或其他产品的生产部门，产品主要有
鱼、虾、蟹、贝、藻类等经济水产动植物的冷冻、冰鲜、腌制、熏制、
干制、罐装和熟食品等水产食品，以及鱼粉、鱼油、鱼肝油、鱼革、水
解鱼蛋白、鱼胶、藻胶、碘、甲壳质等饲料、药品和工业原料。由于渔
业生产的季节性和地区性很强，所以水产品加工业大多分布在渔区。对
水产品进行加工，特别是进行深加工和综合利用，可以解决水产品易于
变质而又集中上市的矛盾，使水产品能够得到充分利用，从而大大提高
水产品的价值。

众所周知，海洋捕捞业十分消耗柴油，那个时候，渔用燃油不断
涨价，水产品价格却滞涨，严重制约了渔业发展，直到 2006 年开始发
放燃油补贴。对广大渔民来说，国家实施的油价补助政策是一场"及时
雨"。真正促使远洋渔业发展的转折点在 2012 年，国家开始大力发展远
洋渔业。"现在要想从事远洋捕捞的渔业公司，至少要有 6 艘远洋捕捞
船，总吨位在 3000 吨以上，公司注册资金在 5000 万元以上，最重要的
是要取得公海渔业捕捞许可证，最终被农业部授予远洋渔业企业资格的
企业才有资格进行远洋捕捞。"[②] 农业农村部在 2018 年 2 月发布的《2018
年渔业渔政工作要点》中指出，要继续实施海洋捕捞渔船减船转产，

---

① 渔业供给侧改革：连续 26 年产量世界第一的水产品将"减产"_网易财经
（http://money.163.com/17/0618/22/CN8FN94F002580S6.html#from=keyscan）
② 台州渔船赴非洲捕捞沙丁鱼 远洋捕捞前期投入很高 _ 浙商网（http://biz.zjol.
com.cn/zjjjbd/cjxw/201708/t20170824_4865220.shtml）

2018年，全国将压减渔船不少于4000艘、功率不低于30万千瓦。[①]

3. 盐业经济。

盐是重要的生产资料和生活必需品。氯化钠含量在90%以上的盐就是食用盐。它是中国国民经济的基础行业。传说早在黄帝时就有一个叫夙沙[②]的诸侯，他就是以海水煮卤再煎成盐的。盐的颜色有青、黄、白、黑、紫五种。20世纪50年代福建有文物出土，其中就有煎盐器具。这证明了在仰韶时期（公元前5000年—前3000年，即距今已有7000至5000年），古人已学会煎煮海盐。春秋战国时，有盐，国就富。《汉书》就说："吴煮东海之水为盐，以致富，国用饶足。"当时的东海是现在的黄海，现在的东海当初是南海。齐国管仲设盐官专煮盐以渔盐之利而兴国，当时煮的是渤海之盐。中国第一个盐商是春秋时鲁人猗顿。在中国古代社会，盐、铁、茶、酒是少数几项大宗交易商品，但这些商品在不同时期都曾实行专卖。盐是其中实行专卖时间最长、范围最广、造成经济影响最大的品种。

最近一次的食盐抢购事件发生在2011年3月。[③]中国原盐生产的三

---

① 全国压减海洋捕捞渔船将不少于4000艘＿中国海洋网（http://ocean.china.com.cn/2018-02/26/content_50606482.htm）

② 在中国，盐起源的时间远在五千年前的炎黄时代，发明人夙沙氏是海水制盐用火煎煮之鼻祖，后世尊崇其为"盐宗"。在宋朝以前，在河东解州安邑县东南十里就修建了专为祭祀"盐宗"的庙宇。清同治年间，盐运使乔松年在泰州修建"盐宗庙"，庙中供奉在主位的即是煮海为盐的夙沙氏，陪祭的是商周之际运输卤盐的胶鬲和春秋时在齐国实行"盐政官营"的管仲。

③ 2011年3月，受日本核电站泄漏事故的影响，市场出现了海水被污染、盐要涨价、盐供应紧张、盐能防辐射等传言，使全国多地区出现抢购加碘食盐的风潮。食盐的抢购潮最早从江浙地区开始，然后逐渐蔓延到各个地区，但很快就得到了遏制。再前一次食盐抢购发生在2009年6月21日，因谣传台风污染盐场、食盐将断货且涨价，福建省宁德市霞浦县许多市民抢购食盐。部分乡镇断货，个别地方1元/包被不法商贩炒至3~5元。当晚，谣言传至宁德市蕉城区和福州市区，引发市民抢购，导致部分商店断货。宁德地区和福州地区平常日订货量分别为44吨和77吨，但21日晚至22日10时，订货量猛增至321吨和716吨。

大种类是海水盐、井矿盐和湖水盐。它们其实都是海洋盐的三种形态。[①]
海洋是盐的"故乡"。它们的区别在于，是直接的海洋盐，还是间接的
海洋盐，但都是与海洋及其地质的变化有关的。其中，井矿盐和湖水盐
都是曾经的海洋变为陆地和湖之后留下的海洋痕迹。近年来，中国的井
矿盐在逐渐取代海水盐的地位，成为中国主要的原盐品种。盐业产品
主要包括食盐、两碱用盐、小工业用盐、农牧渔用盐及其他。其中，最
主要的用盐下游是两碱用盐；食盐消费量与人口和人民生活条件密切相
关，保持了相对稳定性。2016年，中国原盐产量6309.5万吨，同比增
长5.6%。

中华人民共和国成立以来，国家对盐业实行严格管制。但根据《国
务院关于印发盐业体制改革方案的通知》，自2017年1月1日起，放
开食盐出厂、批发和零售价格，由企业根据生产经营成本、食盐品
质、市场供求状况等因素自主确定。此次改革打破了盐行业缺乏竞争的
局面，尤其是对食盐批发企业的冲击很大，对原盐的生产将会有很大
影响。

---

① 本书在对原盐种类的表达上与现在的标准说法有所不同。现在的标准说
法是，原盐分为海盐、湖盐、井矿盐三种，如"中国原盐产能结构图"。本书
从海洋地质的变化角度来看原盐认为，它们其实是海洋盐的三种形式，并把
它们分别由"海盐"完善为了"海水盐"，由"湖盐"完善为了"湖水盐"和保
留了"井矿盐"。其中，湖水盐和井矿盐也是由海洋的变化和地质的变动造
成的。所以，它们又统称为"海洋盐"。但现在学术界流行的观点与此不同：科
学家们把海水和河水加以比较后，研究了雨后的土壤和碎石，得知海水中的盐
是由陆地上的江河通过流水带来的。这些物质随水被带进大海。在46亿年前，
地球刚刚诞生，海水是淡的。后来经过地壳的强烈运动以及火山喷发，形成了
大量的水蒸气，于是就不断地下雨。盐在水里会溶解，溶解在水里的盐被雨水
冲刷到了河里，然后跟着河水慢慢流入海里。科学家估算，每年经过江河流到
大海里的盐就高达19亿多吨。但有一个地质现象被科学家们忽略了，就是海洋
覆盖的面积占整个地球总面积的71%。即使盐就是来自土壤和岩石，海洋里的
土壤和岩石的总面积起码也是陆地上土壤和岩石总面积的3倍。何况，现在有
盐的土壤和岩石。

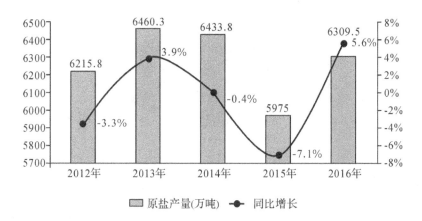

数据来源：中商产业研究院整理 [①]

图3-3　2012—2016年全国原盐产量及增减变量

"十一五"期间，国内原盐产能迅速增长，五年共增加了3529万吨，年均增幅了9.8%。其中，井矿盐扩能最为迅猛，增长了112.63%，五年共增加了2230万吨；海水盐增长了23.28%，五年共增加了780万吨；湖水盐增长了109.03%，五年共增加了519万吨。根据产业信息网《2015—2020年中国盐加工产业研究及投资方向研究报告》显示，2014年上半年，中国原盐产量4230万吨（含液体盐），较2013年同期增加了9.96%。其中，井矿盐产量是2397万吨，海水盐产量是1240万吨，湖水盐产量是593万吨。截至2014年6月30日，全国原盐年生产能力已达到10935万吨，其产能按盐品种结构图列示如下：

从图3-4可大致看出中国经济发展方式的大概水平。盐的下游消费结构反映的就是生产方式和科技水平的不同。从中既可以看出中国在经济发展上与美国和西欧国家之间存在的差距，也可看出中国在盐下游消费方面应该注意的问题和发展要注重的方向和趋势。

---

① 2016年中国原盐产量为6309.5万吨，同比增长5.6%_中商情报网（http://www.askci.com/news/chanye/20170209/10252690064.shtml）

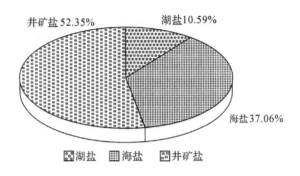

图3-4　2015年全球盐下游消费结构图

从图3-5还可以看出，中国盐的下游消费结构与全球平均的盐下游消费结构相似，或者雷同，但与西方发达国家尤其是与美国的盐下游消费结构相比就有很大不同。不同之处主要是，中国在盐的下游消费结构上在"其他领域用盐"上有很大差距。中国在"其他领域用盐"上比美国要低42%，比西欧要低16%，甚至比全球平均值还要低9%。其中，中国在"化工用盐"和"其他领域用盐"合在一起所占的用盐总量的比例只有84%，与西欧和美国在"化工用盐"和"其他领域用盐"上合在一起所占用盐总量都是93%相比，都有10%的差距。这应该就是经济可以持续发展的用盐结构态势及其标准。这也应该是中国经济发展方式的调整和转型的一个重要标准。

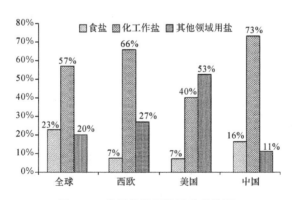

图3-5　世界盐的下游消费结构图

4. 海难经济。

很长的时间中，人类眼中的海洋都是危险和灾难的象征。"海灾"是不可避免的，关键在于能不能利用因害难和经害难释放出来的能量。海洋灾害一般有狂风巨浪、台风飓风、龙卷风、海啸、海水上涨，等等。到目前为止，人类仍然无法驾驭海洋气候。所以，既有防灾经济、撤灾经济、赈灾经济，更有借灾经济、用灾经济和灾后重建经济。灾难越大，释放的能量越大，挑战人类的能力也越大，人类产生的智慧也会越大。把海洋灾难拍成电影也是一种灾难经济的形式。例如，电影《泰坦尼克号》(反映1912年4月试航沉没的"泰坦尼克号"海难)和《海啸奇迹》(反映2004年印度洋海啸海灾)都产生了很好的经济效益和社会效应。[①] 每次灾难毁灭的是物质乃至生命，但激活和滋生了情感和使命，而情感和使命是人类最大的经济。

在海事上，每次制度的变化都与海上事故有关。从海上事故中吸取教训，并把防范措施变为制度是最大的经济效应。1月6日，在中国海域长江口以东约160海里处，载有13.6万吨凝析油的由伊朗驶往韩国的巴拿马籍油船"桑吉"(SANCHI)轮与由美国驶往中国广东的隶属浙江温岭长峰海运有限公司的中国香港籍散货船"长峰水晶"(CF CRYS-TAL)轮发生碰撞，导致"桑吉"轮起火沉没。[②] 这将成为历史上"第10

[①] 上映几周后，《泰坦尼克号》的票房就超过了此前雄霸票房榜长达20年的《星球大战》，成为当时电影史上最卖座的影片。直到12年后的2009年，《泰坦尼克号》创下的票房纪录才被同样由卡梅伦执导的《阿凡达》打破。尽管如此，《泰坦尼克号》创下的美国电影史上连续15周蝉联周末票房榜冠军的空前纪录，至今仍无人能及。1998年3月23日还获得了第70届奥斯卡金像奖。《海啸奇迹》从2012年10月11日在西班牙上演，登顶当年票房冠军，同时也成为西班牙影史上最卖座的本土影片。从2012年9月在北美多伦多电影节举行世界首映，到2013年5月20日创下全球票房1.72亿美元，2013年获得美国奥斯卡金像奖提名。
[②] 中国近海油污之灾 东海撞船事故最新进展：巴拿马油船"桑吉"爆燃沉没_军民资讯网(http://news.junmin.org/2018/xinwen_minsheng_0115/260982.html)

大石油泄漏事件"。由此引起的对新形势下"21世纪海上丝绸之路"海上交通航道安全问题和海洋石油泄漏造成的污染问题的思考和对策将会产生极大的经济效益。

风暴潮又有"风暴增水""风暴海啸""气象海啸"或"风潮"的称谓。它一般由台风、温带气旋、冷锋的强风作用和气压骤变等强烈的天气因素构成，引起海面的异常升降，进而造成经济损失和人员伤亡。中国的沿海地区就经常遭受这样的海洋自然灾害。21世纪后，最大的风暴潮灾害是2005年8月29日发生在美国的"卡特里娜"飓风登陆新奥尔良市。拥有10兆吨核弹能量的飓风"卡特里娜"使新奥尔良很快就成了一座"水城"，并迅速又成了"鬼城"长达2年之久，造成了约1000亿美元的经济损失。[①] 虽然中国至今没有发生过像"卡特里娜"飓风那样的风暴潮灾害，但也是一个经常遭受风暴潮灾害影响的国家。据不完全统计，仅公元前48年至公元1949年的近2000年间，中国有较详细记载的特大风暴潮灾害就有576次，平均不到4年就有一次，每次造成的死亡人数少则过千，多则数万甚至十多万。40年来，中国沿岸风暴潮灾害每年造成的直接经济损失已由1950年的平均1亿元左右增加到1980年后期的20亿元左右。2008年，中国共发生风暴潮过程25次，死亡人数56人，直接经济损失192.24亿元。随着中国沿海地区人口密度的增加和经济的迅猛发展，风暴潮灾害造成的损失呈上升趋势，已位居中国各种海洋灾害之首。强台风风暴潮可以使海平面上升5—6米。当风暴潮和天文大潮高潮位相遇时，会使水位暴涨，容易导致潮水漫溢、海

---

① 美国新奥尔良坐落在密西西比河三角洲上，城市是三面环水，市内低于海平面，其安全完全依赖环绕城市的约560千米的防浪堤。早有专家提醒，防浪堤难以抵挡三级以上飓风引发的海浪的冲击。参考：新奥尔良成"鬼城"＿搜狐新闻中心（http://news.sohu.com/s2005/05katelina1.shtml）

堤溃决、冲毁房屋，造成严重的经济损失和人员伤亡。应对风暴潮一般有四种方法：一是加强预报工作，二是加强预防工作，三是及时做好躲避工作，四是全面做好撤离工作。风暴潮灾害造成的直接经济损失占总经济损失的92%，人员死亡（含失踪）全部由海浪灾害造成。[①]

还有就是大雾灾害的影响。2018年的春节，恰遇海南遭遇十年未遇的罕见连续大雾天气，琼州海峡在2018期间（截至2月20日）累计停航12次，共计68.5小时，最高峰时，海口三港口滞留旅客超过4万人、小车约1.5万辆。海口市委、市政府陆续启动港口滞港三级、二级应急处置预案，于2月19日20点开始启动港口滞港应急一级预案。针对本次大雾导致的大规模拥堵，截至2月20日12点，海口市出动交警4800余人次、志愿服务人员1200人次、环卫人员500人次、民政救援义工200人次，并协调周边21家酒店参与救助活动，为游客提供服务，向滞留港口的旅客和司机发放面包、速食面和矿泉水等物资，共分发馒头1万余个、矿泉水1500余箱、方便面500余箱、八宝粥280余箱、饼干80余箱、热豆浆和热粥各5000多份，不间断提供开水。港区外增设移动公厕126座（抽调100多人配合上述点位公厕管理，购买80盏应急灯、100捆卷纸、垃圾桶150个、垃圾袋1.1万个等予以保障），累计运送油料1160升，安排救援车辆52台次。通过"椰城市民云"共推送435.6万条信息、移动244.5万条信息、电信151万条信息、联通191万条信息，共计1022.1万条信息。市属新闻媒体24小时值守，一线记者彻夜驻守海口三港，后台编辑通宵更新信息推送和播报信息5000篇（条）次。省级媒体和中央驻琼媒体积极参与，每小时更新播报通航信息

---

① 2017年中国海洋资源情况分析 _ 中国产业信息网（http://www.chyxx.com/industry/201711/581316.html）

和交通信息。①

　　能威胁到人类健康的海洋灾难是赤潮，国际上称其为"有害藻类"或"红色幽灵"。它是海水中某些浮游植物、原生动物或细菌在特定的环境条件下爆发性增殖或高度聚集而引起的水体变色。一般是由水不流动、富营养化、日照量增大和水温上升等因素发生综合作用的结果，是近岸海水受到有机物污染所致。海洋生物将因此而急剧繁殖。它可使鱼类等水生动物遭受很大危害。危害一般有四点：一是有些赤潮生物会分泌出黏液，粘在鱼、虾、贝等生物的鳃上，妨碍其呼吸，最终导致其窒息死亡。二是由于大量赤潮生物死亡后，在尸骸的分解过程中需要大量消耗海水中的溶解氧，这又会造成一个缺氧的海洋环境。这样的环境会引起虾、贝类的大量死亡。三是大量有毒藻类被鱼类吞吃而致使鱼类死亡。四是有些藻类分泌出的毒素又可通过食物链而严重威胁消费海鲜人类的健康和生命安全。据统计，1990年至1999年，中国近海累计发现赤潮200余起。其中，1997—1999年3年间，共记录较大规模的赤潮就有45起。赤潮发生次数较多的地方有广东、山东、浙江、辽宁和上海近海。长江口、珠江口、辽东湾、杭州湾、莱州湾、大亚湾、汕头－汕尾海域以及天津近海等是赤潮的多发区。近年来，中国近海赤潮发生次数呈现明显增加的趋势。20世纪90年代，近海赤潮平均每年发生二三十次，到2002年，这一数字上升为79次，2003年达到119次。②2017年的赤潮灾害次数和累计面积均较上年又有明显增加，绿潮

① 海南遭遇大雾车辆滞留　马路成停车场机票破万＿中国网（http://news.china.com/socialgd/10000169/20180222/32111642_all.html#page_1）；海口抗"雾"全力以赴　省委书记批示继续做好精心服务＿中国日报网（http://cn.chinadaily.com.cn/2018-02/21/content_35716742.htm）
② 中国近海赤潮次数近年增势明显＿中国水网（http://www.h2o-china.com/news/28127.html）

灾害分布面积为近5年来最大。① 这将严重影响中国水产品的成品质量。在21年前,中国的水产品曾经遭到过欧洲市场的全面封杀。②

5. 服务经济。

中国的海洋服务经济是随"舟山江海联运服务中心"的落地而有所发展的。这是2014年年底李克强总理给浙江省和舟山市的一个大礼包。海洋的服务经济属于一种崭新的生产方式,属于第三产业。前两个产业是海洋农业和海洋工业。

中国发展海洋经济经过了以下阶段:一是海上经济——以渔业经济、盐业经济为主;二是港口经济——以上海港、青岛港、大连港、天津港为主;三是特区经济——以深圳经济为主;四是沿海经济——以渤海湾经济圈、"S"型经济带、海西经济带、珠江口经济大湾区、北部湾经济圈为主;五是新区经济——以舟山群岛新区、青岛新区为主;六是沿海自贸区经济——以广东、福建、浙江、上海、天津自贸区为主;七是江海联运服务经济——以长江经济带和"舟山江海联运服务中心港区"为主。

面对发达国家的海洋经济占GDP的比重普遍在20%以上和美国的海岸经济海洋经济占GDP的51%的状态③,中国要发展海洋经济,就必须构建一套中国海洋金融服务体系。海洋金融经济不仅是指金融中要有海洋经济,更是指海洋经济中要有金融。无论是海洋新能源、海水利

---

① 2017年中国海洋资源情况分析_中国产业信息网(http://www.chyxx.com/in-dustry/201711/581316.html)

② 1997年7月,欧盟委员会以发现中国山东出口欧盟的冷冻熟贻贝肉中发现副溶血性弧菌为由,对中国水产品予以全面"封杀"。到2002年,欧盟才恢复了中国绝大多数野生鱼类产品出口,又于2004年解除虾、养殖鱼类等产品的出口禁令。但对贝类产品,2016年3月4日欧盟才正式解除了禁令。这是来之不易的水产品贸易态势。参考:被禁19年,扇贝因何重返欧盟_中国青年网(http://news.youth.cn/kj/201604/t20160426_7913416.htm)

③ 应壮大海洋产业 推进海洋金融发展_金融界(http://finance.jrj.com.cn/2016/10/13100021564208.shtml)

用、海洋药物和生物制品、海洋工程装备等一大批战略新兴产业，还是海洋渔业、海洋油气业、海洋交通运输业等传统产业的转型升级，都是一些资金投入高、风险高、回收期长和专业性、技术性强的产业。对它们，不仅需要持续、稳定、高效、精准的金融支持，更需要有海洋经济特性和特色的金融体系。然而现实是，海洋经济发展上的金融服务至今仍然存在市场基础较为薄弱、体制机制不够完善、风险分担不健全、融资渠道相对有限、专业化程度有待提升、海洋产业信息不畅等问题。这就迫切需要改进和加强金融服务，加快推动海洋经济发展质量变革、效率变革、动力变革，促进中国海洋产业迈向全球价值链中高端，加快建设现代海洋产业体系。为此，创新的金融服务方式是海洋产业转型升级的重要引擎。[1] 可以设立专门的海洋经济上市板块，专门设立海洋金融股市，可以发布类似波罗的海指数[2] 那样的海洋经济发展指数。

　　建设"一带一路"需要保税燃料油供应服务。为此，中国在舟山群岛，以中国（浙江）自由贸易试验区的框架下设立以保税燃料油供应为核心的国际海事服务基地。必须争取油品国际话语权。目前世界上主要的交易中心在伦敦、迪拜、新加坡、纽约。舟山地处中国东部黄金海岸与长江黄金水道的交汇处，与东北亚及西太平洋一线主力港口构成了近500海里等距离的扇形海运网络。舟山的深水岸线资源能够满足10亿吨级大港建设需要，

① 这是人民银行、国家海洋局、发展改革委、工业和信息化部、财政部、银监会、证监会、保监会8部委联合印发《关于改进和加强海洋经济发展金融服务的指导意见》后，国家海洋局党组书记、局长王宏就相关问题回答记者提问时所持的观点。参考：改进加强金融服务加快建设海洋强国_中国金融新闻网（http://www.financialnews.com.cn/jg/dt/201801/t20180126_132199.html）

② 波罗的海指数是由波罗的海航交所发布的代表国际干散货运输市场走势的"晴雨表"指数。这个1744年诞生于英国伦敦针线街的"佛吉尼亚和波罗地海"（Virginia and Baltick）咖啡屋的世界第一个也是历史最悠久的航运市场，于1985年开始发布日运价指数即BFI（Baltic Freight Index）——由若干条传统的干散货船航线的运价按照各自在航运市场上的重要程度和所占比重构成。1999年，国际波罗的海综合运费指数BDI（Baltic Dry Index）取代了BFI。

适宜建设全球性的石油全产业链基地。[①] 一定要牢记舟山自贸区不只是舟山的发展平台,而且是中国的发展平台。这个自贸区内容是广泛的,要围绕保税油加注,围绕海运开展一系列业务,包括金融体制的创新、投资方式的创新,未来要建设成为中国的一个大宗商品的交易中心,乃至全球的大宗商品交易中心。[②] 从2017年6月1日起,《中国(浙江)自由贸易试验区国际航行船舶保税油经营管理暂行办法》已经正式实施。

海洋事业风险很大,随时都有不确定事故发生。海上搜救相比陆地搜救,具有更多的不可预测性,难度也更大。它分为海上搜索和救援两部分工作。海上搜救是一项公益性极强的事业。前面提到的巴拿马籍油船"桑吉"轮与"长峰水晶"相撞起火、爆炸后,中国海上搜救中心接到了求救信号,确定了撞船的位置后,就迅速派出了包括专业救助船、海事执法船奔赴事故现场进行援救,同时协调过往商船以及周边的数艘中国籍渔船赶往现场参与搜救。首先发现这起事故的中国渔船——"浙岱渔03187"船也参与了搜救,并救起了"长峰水晶"轮全部21名船员。专业救助船"深潜"号上的4名搜救人员登轮进行了勘察和搜索。中国的海上搜救服务不仅反应及时、快速,而且设施和装备齐全,并且调遣足够的泡沫等灭火材料迅速。

不仅从"桑吉"轮与"长峰水晶"相撞,也从美国太平洋舰队军舰在日本海和马六甲海峡与商船相撞[③],我们深切地感到,在21世纪的海

---

① 浙江自贸区布局油品全产业链争夺油品国际话语权_网易财经(http://money.163.com/17/1101/05/D24Q8M75002580S6.html)

② 浙江自贸区亮点解读:打破了油品贸易的"天花板"_新蓝网(http://n.cztv.com/lanmei/zjzs/12477070.html)

③ 2017年6月17日凌晨1点半左右,一艘美国海军第七舰队"菲茨杰拉德"号驱逐舰与一艘菲律宾籍货船,在日本附近水域相撞。2017年8月21日,美国海军"约翰·S.麦凯恩"号导弹驱逐舰在新加坡东部海域与一艘商船相撞。参考:美国军舰又和商船相撞,情况很严重_凤凰资讯(http://news.ifeng.com/a/20170821/51702535_0.shtml)

洋时代中,海上航行需要更准确的导航服务。一是海上航行的船只越来越多,二是海上航行的船速要求越来越快。2017年11月5日,中国第三代导航卫星顺利升空。它标志着中国正式开始建造"北斗"全球卫星导航系统(BeiDou Navigation Satellite System,BDS)。这个系统是中国自行研制的全球卫星导航第三个成熟的系统。前两个系统分别是美国的GPS(全球定位系统)和俄罗斯的GLONASS(格洛纳斯卫星导航系统)。而BDS、GPS、GLONASS、和GALILEO(欧盟)又都是联合国卫星导航委员会已认定的供应商。BDS由空间段、地面段和用户段三部分组成,可在全球范围内全天候、全天时为各类用户提供高精度、高可靠定位、导航、授时服务,并具短报文通信能力。它的定位精度为10米,测速精度为0.2米/秒,授时精度为10纳秒。

建设"一带一路"需要海上护航。随着"今天的'一路'将是一条可以覆盖全球并触及全球的各个角落之路"[1],这种保驾护航的行为将是全球性的。这既是为国家利益的护航,也是为世界和平的护航。在联合国安理会先后通过4项决议呼吁和授权世界各国到亚丁湾海域打击海盗的背景下,从2008年年底开始,中国海军在亚丁湾索马里海盗频发海域进行护航军事行动。中国海军护航行动的主要内容是:保护航行该海域中国船舶人员安全;保护世界粮食计划署等世界组织运送人道主义物资船舶安全。据联合国国际海事组织的统计,仅2008年,就有30多艘船只在亚丁湾被劫。2009年,亚丁湾、索马里海域海盗更加猖獗,作案数量逐年递增,仅年初至11月,就有40多艘船只被索马里海盗劫持,涉及船员600多人。2009年前11个月,中国就有1265艘次商船通过这条航线,20%受到过海盗袭击。该海域频繁发生的海盗袭击事件严重

---

① 黄建钢.论习近平"一路"之战略思想[J].当代世界与社会主义,2015(4).

危及了中国过往船只和人员安全，对中国国家利益构成重大威胁。截至 2017 年 7 月，中国海军累计派出编队 26 批、舰艇 83 艘次、官兵 2.2 万余人次赴亚丁湾护航，维护了国际水道安全，累计安全护送中外船舶约 6400 艘，其中半数以上为外国船舶或世界粮食计划署船舶。①

6. 船舶经济。

这是海洋经济中第二产业的一个标志。中国的船舶经济在进入 21 世纪后有了重要的发展。2000—2004 年的 5 年间，中国的造船产量年均增长 26%。2004 年，造船产量达到 880 万载重吨，占世界造船份额达到 14%，连续 10 年列世界第三位。世界造船中心向中国转移，近年来的新船订单量保持第一。船舶行业是全球性竞争的行业，20 世纪 50 年代，世界造船中心开始从西欧向东亚转移，近年来，中、日、韩三国新船订单量占全球比例一直稳定在 90% 以上的高位。东亚三国中，首先是日本通过 10 年的发展，成为世界第一造船大国，而后韩国于 20 世纪 90 年代开始追赶日本，在 21 世纪初超过日本。进入 21 世纪后，中国造船行业迅速发展，近年来，新船订单量（以载重吨计）基本保持第一。中、日、韩三国中，韩国与中国的差距较小，日本已基本退居第二集团。全球造船主要国家之间的竞争加剧：2017 年上半年，中国、韩国、日本仍然在全球造船行业中占据主导地位。韩国船企近来的接单力度也较大，截至 2017 年 6 月底，接获了全球近半数的订单量（按载重

---

① 应索马里过渡政府的请求，为应对肆无忌惮的索马里海盗，联合国 2008 年先后通过 1816 号、1838 号、1846 号和 1851 号等 4 项决议，呼吁并授权各成员国赴亚丁湾、索马里海域遂行护航。2008 年 12 月 26 日，由武汉舰、海口舰和微山湖舰组成的中国海军首批护航编队从三亚起航，赴亚丁湾、索马里海域执行护航任务。这是中国首次使用军事力量赴海外维护国家战略利益，是中国军队首次组织海上作战力量赴海外履行国际人道主义义务，也是中国海军首次在远海执行保护重要运输线安全任务。参考：中国海军累计派出编队 26 批、舰艇 83 艘次赴亚丁湾护航＿新浪军事（http://mil.news.sina.com.cn/2017-07-10/doc-ify-hweua4561959.shtml）

吨计），重新站上全球订单量第一的位置。中国船企接单量由 2016 年的 59% 锐减为 34%，竞争压力不断加大。2017 年 1—7 月，中国造船行业 三大指标"一升两降"：根据中国船舶工业行业协会统计，1—7 月，全 国造船完工 2978 万载重吨，同比增长 55.1%；承接新船订单 1324 万 载重吨，同比下降 25.1%。截至 7 月底，手持船舶订单 8028 万载重吨， 同比下降 31.5%，比 2016 年年底下降 19.4%。根据中国船舶工业行业协 会统计，2017 年上半年，船舶行业 80 家重点监测企业完成工业总产值 1850 亿元，同比下降 6.6%；利润总额 9.8 亿元，同比下降 49%。船厂的 盈利水平下滑严重，除了受到 2015 年至 2016 年较低船价的影响外，钢 板价格上升、汇率波动对于船企利润的影响也较大。随着 2009 年一季 度全球新船市场基本处于停滞状态的出现，一直到 2016 年，中国就有 约 140 多家造船厂关停倒闭，约有 90 多家船厂被兼并收购。[①]

中国超越韩国，成为世界第一大造船国三年之后，2013 年上半年，韩国造船工业成功超越中国，重新夺回世界第一大造船国地位。中国 所拥有的份额比例为 30.8%。韩国造船工业的另一大竞争对手日本造船 业 2013 年上半年表现同样不佳。[②] 到 2015 年，韩国的表现依旧不敌中 国，订单量止步全球第二。由于中国造船业的"所向披靡"，韩国造船 业已连续四年将世界第一的"宝座"让与中国。[③] 2018 年 1 月 11 日，首

① 2017 年中国造船行业发展现状分析 _ 中国产业信息网（http://www.chyxx.
com/industry/201710/574242.html）
② 根据韩国造船工业协会 2013 年 7 月 23 日在韩国的《朝鲜日报》上公布的数
据显示，2013 年 1 月至 6 月，韩国各大造船厂接受的定单总吨位高达 892 万吨，
同期内，中国各大造船厂接受的定单总吨位仅为 517 万吨。这是韩国造船工业
自 2008 年以来接受的订单数量首次超过中国，目前韩国已经拥有全球造船市场
53.2% 的份额。参考：世界第一造船大国地位中国仅保持 3 年，就被韩国所超越 _
环球风云（http://bbs.tiexue.net/post_5204750_1.html）
③ 中国造船业世界第一？ _ 国际船舶网（http://www.eworldship.com/html/2016/
ship_market_observation_0114/111041.html）

条全球最大第二代超大型矿砂船"远河海"号在外高桥造船厂正式命名交付。至此，2017年中国造船完工量由世界第二跃升至世界第一。"远河海"号是上海外高桥造船有限公司为中远海运集团承建的世界第二代40万吨级超大型矿砂船（VLOC）系列的首制船，也是外高桥造船联合上海船舶设计研究院共同研制和设计的新一代产品，在世界上处于领先地位。"远河海"号长362米、宽65米、型深30.4米，为单桨低速柴油机驱动的无限航区矿砂船，较第一代大型矿砂船综合性能大幅提高。[1]

其中有4艘最大型船由中国船厂建造：一是世界最大LNG动力乙烯船"Navigator Aurora"号。这个排位第一的2016年9月由江南造船集团为Navigator Gas公司建造的全球最大的乙烷/乙烯液化气运输船"Navigator Aurora"号交付。二是全球最大双燃料汽车船"TBN AUTO ECO"号。这是第二号2016年9月28日由南通中远川崎建造的全球首艘LNG动力4000车汽车运输船（船型船厂买卖）（PCTC）"TBN AUTO ECO"号正式交付。三是世界最大自航全回转起重船"振华30"号。这个排位第六的2016年5月13日由振华重工自主建造的世界最大12000吨自航全回转起重船"振华30"号正式交船。四是世界最大特种模拟船"吴淞"号。这个排位第十的2016年12月由上海佳豪船舶工程设计公司设计、沪东中华造船（集团）有限公司承建。

7. 制度经济。

自中国批准《联合国海洋法公约》起，中国就在关注海洋制度的建设。中国海洋制度建设的结构自上而下分为法律、法规、部门规章、国务院法规性文件、地方海洋法律法规（海域使用类、海洋环保类）等。1974年1

---

[1] "远河海"号在外高桥造船厂交付 中国造船完工量跃升世界第一 _ 新浪（http://news.sina.com.cn/c/2018-01-12/doc-ifyqptqv8086896.shtml）

月30日，国务院颁布了《中华人民共和国防止沿海水域污染暂行规定》。1982年8月23日，第五届全国人大常委会第二十四次会议通过《中华人民共和国海洋环境保护法》①。1983年12月29日，国务院公布《中华人民共和国海洋石油勘探开发环境保护管理条例》。1985年3月6日，国务院发布《中华人民共和国海洋倾废管理条例》②。1992年2月25日，第七届全国人大常委会第二十四次会议审议通过《中华人民共和国领海及毗连区法》③。1996年6月18日，国务院令第199号发布《中华人民共和国涉外海洋科学研究管理规定》。1997年11月11日，中日两国政府签署了《中华人民共和国和日本国渔业协定》。1998年6月26日，第九届全国人大常委会第三次会议审议通过《中华人民共和国专属经济区和大陆架法》。2000年，中国与韩国签署《中韩渔业协定》④。2001年10月27日，第九届全国人大常委会第二十四次会议审议通过《中华人民共和国海域使用管理法》。2002年9月4日，国家海洋局发布经国务院批准并授权的《全国海洋功能区划》。2003年5月9日，国务院印发由国家发展和改革委员会、国土资源部、国

① 后来经过两次修改：第一次是1999年12月25日第九届全国人大常委会第十三次会议，第二次是2013年12月28日第十二届全国人大常委会第六次会议。
② 这是随着《海洋倾废管理条例》《防止船舶污染海域管理条例》《防治海岸工程建设项目污染损害海洋环境管理条例》《海洋石油勘探开发化学消油剂使用规定》《海洋倾倒疏浚物分类标准》的相继出台合成和系统起来的新制度。
③ 这是首次以立法形式提出了"海洋权益"的概念，首次以立法形式提出钓鱼岛等岛屿属于中华人民共和国的岛屿，确定中国的领海宽度为12海里，领海基线为直线基线，领海基线以外宽度12海里的海域为毗连区，外国军用船舶进入中国领海，须经批准等专项法律制度，为维护领海主权奠定了完整的法律基础。该法自公布之日起施行。
④ 此协定于2001年6月30日24时正式生效。中韩渔业协定签署后尚有5年过渡期，期间允许双方对海洋经济区划线范围进一步谈判。然而在此5年期间，中国驻韩国大使正是李滨。李滨任驻韩大使时，被韩国情报机关吸收，回国后继续向韩提供情报。李滨是外交系统发现的最高级别的间谍，十几年来为韩国以及美国提供了为数众多的中国外交机密，泄露和破坏了中国对朝鲜半岛的外交政策。由于内奸的存在，《中韩渔业协定》事实上存在欺上瞒下、廉价牺牲国家利益的严重问题。这个协定内容使中国在黄海中韩公海区域的海洋经济权益蒙受严重损失，也使得沿海渔民深受其害至今。

家海洋局组织制订的《全国海洋经济发展规划纲要》。2004 年，农业部颁布《远洋渔业管理规定》[①]。2006 年 8 月 20 日，国务院第 148 次常务会议审议通过《防治海洋工程建设项目污染损害海洋环境管理条例》。2008 年 2 月 22 日，国务院批准《国家海洋事业发展规划纲要》。2009 年 12 月 26 日，《中华人民共和国海岛保护法》正式出台。2010 年 3 月 3 日，国务院批准实施《全国海洋功能区划（2011—2020 年)》。2010 年 9 月 16 日，国务院印发《全国海洋经济发展"十二五"规划》。[②] 中国一直主张，要"维护联合国宪章宗旨和原则，促进世界和平、稳定、繁荣"[③]。

中国海洋制度建设的现状应该是从《中华人民共和国国民经济和社会发展第十二个五年规划纲要》提出的 506 字的"第十四章 推进海洋经济发展"[④] 开始的。从"十二五"发展规划起，中国海洋制度建设进入

[①] 2016 年，对此规定又做了部分修改，特别对远洋捕鱼做出了规定。但是不少人就是没有这个意识。相当一部分国人对此事漠不关心甚至辩解，进一步说明了我们在违规捕捞等问题上还不够重视。如果一旦在远洋渔业上出现问题，就会拉低中国的国际形象。

[②] 建局 50 周年：国家出台的相关海洋法律法规_中国海洋在线（http://www.oceanol.com/shouye/yaowen/2014-07-22/35486.html）

[③] 习近平会见澳大利亚总督科斯格罗夫_新华网（http://www.xinhuanet.com/world/2015-03/30/c_1114813052.htm）

[④]《中华人民共和国国民经济和社会发展第十二个五年规划纲要》第十四章推进海洋经济发展。坚持陆海统筹，制定和实施海洋发展战略，提高海洋开发、控制、综合管理能力。第一节优化海洋产业结构。科学规划海洋经济发展，合理开发利用海洋资源，积极发展海洋油气、海洋运输、海洋渔业、滨海旅游等产业，培育壮大海洋生物医药、海水综合利用、海洋工程装备制造等新兴产业。加强海洋基础性、前瞻性、关键性技术研发，提高海洋科技水平，增强海洋开发利用能力。深化港口岸线资源整合和优化港口布局。制定实施海洋主体功能区规划，优化海洋经济空间布局。推进山东、浙江、广东等海洋经济发展试点。第二节加强海洋综合管理。加强统筹协调，完善海洋管理体制。强化海域和海岛管理，健全海域使用权市场机制，推进海岛保护利用，扶持边远海岛发展。统筹海洋环境保护与陆源污染防治，加强海洋生态系统保护和修复。控制近海资源过度开发，加强围填海管理，严格规范无居民海岛利用活动。完善海洋防灾减灾体系，增强海上突发事件应急处置能力。加强海洋综合调查与测绘工作，积极开展极地、大洋科学考察。完善涉海法律法规和政策，加大海洋执法力度，维护海洋资源开发秩序。加强双边多边海洋事务磋商，积极参与国际海洋事务，保障海上运输通道安全，维护中国海洋权益。

了一个新状态。现实是，2018年1月4日公布了修订后的《食盐专营办法》。它废止了1990年3月2日国务院发布的《盐业管理条例》，重申了盐业是中国重要的基础性行业的定位，树立了食盐事关人民群众身体健康的基本理念，贯彻了供给侧结构性改革的基本精神，强调了制定食盐供应应急预案的重要性。[①]2017年12月27日，十二届全国人大常委会第三十一次会议表决通过了船舶吨税法。[②]按照船舶吨税法的规定，自中国境外港口进入境内港口的船舶应当缴纳船舶吨税。应纳税额按照船舶净吨位乘以适用税率计算。对于船籍国与中国签订含有相互给予船舶税费最惠国待遇条款的条约或者协定的应税船舶，采用优惠税率。[③]2018年1月26日，国务院新闻办公室举行新闻发布会发布《中国的北极政策》白皮书。这是中国政府在北极政策方面发表的首部白皮书。白皮书指出北极问题具有全球意义和国际影响，中国是北极事务的重要利益攸关方。白皮书阐明了中国在北极问题上的基本立场，全面介绍了中国参与北极事务的政策目标、基本原则和主要政策主张。[④]2013年2月6日，国务院常务会议研究海洋渔业发展问题，讨论通过了《关于促进海洋渔业持续健康发展的若干意见》。这是中华人民共和国成立以来，国务院

---

① 李克强签署国务院令公布修订后的《食盐专营办法》_中国政府网（http://www.gov.cn/xinwen/2018-01/04/content_5253181.htm）

②《中华人民共和国船舶吨税暂行条例》2011年11月23日国务院第182次常务会议通过，现予公布，自2012年1月1日起施行。根据该条例，1952年9月29日海关总署发布的《中华人民共和国海关船舶吨税暂行办法》同时废止。船舶吨税是海关代表国家交通管理部门在设关口岸对进出中国国境的船舶征收的用于航道设施建设的一种使用税。船舶吨税是一国船舶使用了另一国家的助航设施而向该国缴纳的一种税费，专项用于海上航标的维护、建设和管理。

③ 烟叶税法和船舶吨税法明年7月施行税负增加了吗？_网易（http://news.163.com/17/1228/00/D6N2K0E10001875N.html）

④ 外交部副部长孔铉佑出席《中国的北极政策》白皮书新闻发布会_外交部（http://newyork.fmprc.gov.cn/web/wjb_673085/zzjg_673183/tyfls_674667/xwlb_674669/201801/t20180126_7670862.shtml）

关于海洋渔业发展的第一个综合性政策文件，也是中华人民共和国成立以来以国务院名义召开的首次渔业会议。[①]2012年3月3日，国务院批准了《全国海洋功能区划（2011—2020年）》。它是对中国管辖海域未来10年的开发利用和环境保护做出的全面部署和具体安排。现在，海洋功能区划已经发展到了4.0版。这版以构建中国海洋空间规划体系为首要目标。一是为构建海上空间规划提供有力支撑，二是为构建海上空间规划体系打好基础，三是合理布局海域使用空间，四是完善海洋功能区划的管理体系。[②]在2018年1月召开的中国海洋工作会议上，国家海洋局局长王宏强调，要以加快海洋生态文明建设为核心和宗旨来完善中国海洋空间管理的制度。这个制度要在"实施最严格的围填海管控，强化海域管理和海岸线保护，加强海岛保护与管理，打好海洋污染防治攻坚战，加大生态保护修复力度"[③]上做出文章。

2017年12月，农业部印发《"十三五"全国远洋渔业发展规划（2016—2020年）》，明确了"十三五"期间远洋渔业的发展思路、基本原则、主要目标、产业布局和重点任务等。《规划》在区域与产业布局中明确提出，以舟山国家远洋渔业基地为平台，推进建立中国远洋鱿鱼交易中心，建立健全配套完善的鱿鱼产业体系，打造一批知名鱿鱼品牌

---

①《规划》提到，"十二五"时期，渔业成为国家战略产业，现代渔业产业体系初步建立。水产品总产量达到6700万吨，养捕比例由"十一五"末的71：29提高到74：26。全国渔业产值达到11328.7亿元，水产品进出口额达到203.33亿美元，贸易顺差113.51亿美元。参考：渔业供给侧改革：连续26年产量世界第一的水产品将"减产"_ 网易财经（http://money.163.com/17/0618/22/CN8F-N94F002580S6.html#from=keyscan）

② 4.0版海洋功能区划的实施体系 _ 中国海洋报（http://www.oceanol.com/fazhi/201711/15/c70260.html）

③ 刘诗平：2018年我国海洋工作有哪些"看点"？ _ 新华网（http://www.xin-huanet.com/politics/2018-01/21/c_129795773.htm）

和特色综合性产品。^①

虽然中国已经初步形成海洋法律法规的系列化和系统化，但与全球化大背景之下的新一轮国际海洋世界的"圈海"竞争现实相比，中国在海洋法建设中仍然存在着一些亟待提速、提高和提升的地方。^②其实，世界已经迎来第三次贸易革命，盛行了几百年的英美国际海洋游戏规则即将逐步退出历史舞台。在这个时机完善海洋法律体系，将填补未来世界商务游戏规则的真空。完善中国海洋法律体系研究，将为中国引领国际海洋治理健康发展、让中国法律引领世界发展奠定基础。^③但海洋法律只是海洋制度的一个组成部分。现实的海洋制度不仅是法律多、政策少，而且即使是海洋法律体系，也缺乏一种统一规划。而没有政策的制度，一般就很难实施。何况，在当前这个"依宪治国，依宪执政"^④的背景下，最大的海洋制度就是"海洋"入宪或制定海洋基本法。同时，海洋制度建设还应该从《中韩渔业协定》中引发思考。在中国海洋制度建设中，既要符合《联合国海洋法公约》等国际海洋制度基本精神，同时也要充分考虑到历史上中国渔民千百年来的传统习惯。^⑤

国家先后颁布了《中国制造2025》《关于推进国家产能和装备制造合作的指导意见》等规划意见，中国人民银行等九部委发布了《关于金

---

① 徐博龙.以舟山国家远洋渔业基地为平台 推进建立中国远洋鱿鱼交易中心［N］.舟山日报，2017.
② 黄建钢.论中国海洋法的现状及其发展趋势［J］.浙江海洋学院学报（人文科学版），2010.
③ 赵劲松：中国现行涉海法律体系的短板_和讯网（http://opinion.hexun.com/2016-01-12/181742715.html）
④ 这是习近平担任总书记以来一贯的主张。参考：习近平谈依宪治国依宪执政_搜狐新闻（http://news.sohu.com/20161205/n474968416.shtml?_t_t_t=0.8304669342469424）
⑤ 何新：中韩渔争的由来与匪夷所思的《中韩渔业协定》_天涯社区（http://bbs.tianya.cn/post-worldlook-1280726-1.shtml）

融支持船舶工业加快结构调整促进转型升级的指导意见》；浙江省也相继出台了《中国制造2025浙江行动纲要》等规划意见。工信部等六部委联合印发了《船舶工业深化结构调整加快转型升级行动计划》，将进一步促进浙江省船舶行业化解过剩产能，优化产品结构，加快转型升级步伐。①

8. 科技经济。

中国海洋科技在21世纪中进入现代状态。这个现代状态包括如下内容：一是"海洋六号"科考船2018年1月30日返回广东东莞码头。该科考船完成深海地质调查第5航次和大洋41B航次科考任务，该任务历时219天，航程近5.3万千米。其主要工作区域为西太平洋，科考了海洋矿产资源调查、海洋环境与生物调查等多项工作，取得了多项创新性成果。② 二是加强了深海大洋事务管理和业务化工作。做好国际海底合同区资源勘探开发、新资源探矿与公海保护区调查、深海环境监测与保护。加快建设国家深海基地南方中心、深海样品馆、深海综合观测业务化示范系统，建造大洋勘探工程船和深海高效综合调查船。启动"蛟龙"号业务化作业，推进"潜龙二号"技术升级与应用，完成"海龙三号"和"潜龙三号"海试。③ 三是进行海水稻测产，首艘国产航母下水，"海翼"号深海滑翔机完成深海观测，首次海域可燃冰试采成功，洋山四期自动化码头正式开港，港珠澳大桥主体工程全线贯通，等

---

① 2016年浙江省船舶行业发展报告＿浙江省经济与信息化委员会（http://www.zjjxw.gov.cn/art/2017/3/7/art_1216282_5862063.html）
② "海洋六号"科考归来：历时219天，航程近53000千米＿太平洋网（http://news.pconline.com.cn/1077/10779045.html）
③ 2018年我国海洋工作有哪些看点？＿中国政府网（http://www.gov.cn/xinwen/2018-01/21/content_5259111.htm）

等。① 四是提高海洋经济运行监测评估能力，丰富海洋经济管理的政策工具；优化海洋资源配置；推动海水淡化规模化应用和海水利用产业健康发展；上线运行海洋产业投融资公共服务平台。同时，提升海洋创新驱动能力，努力推动海洋环境安全保障、深海工程、海水和海洋能开发利用等领域的关键技术取得突破。② 五是国家海洋局 2018 年 1 月 17 日在围填海新闻发布会上公布 2017 年陆源入海污染源排查结果：全国共有陆源入海污染源 9600 个。这意味着每 2 千米的海岸线就存在一个污染源。这次陆源入海污染源排查是中国首次摸清全国陆域入海污染源分布，将为中国近岸海域环境污染保护打下坚实的基础。2012 年以来，海洋生态环境质量整体上呈现出企稳向好的积极趋势。但是，近岸海域污染整体上仍较为严重，生态系统退化趋势尚未得到根本扭转。③ 六是国家海洋督察组对专项督察情况进行反馈：一个共性的、突出的问题是，在"向海要地"冲动的驱使下，沿海地区不合理乃至违法围填海普遍存在，给海洋生态环境和海洋开发秩序带来系列问题。④ 七是美国《科学美国人》月刊网站 8 月 8 日发表题为《沿海的中国人在增加，海里的鱼在减少》的文章称，一项新的研究结果表明，虽然中国的总人口保持稳定，但旺盛的经济增长正在助长中国沿海海洋生态系统以惊人的速度退化。一个中美联合研究小组对取自中国政府档案的 50 年数据进行了分析，发现中国沿海海洋生态系统自 1978 年以来逐渐退化至一个几

① 国家主席习近平发表二〇一八年新年贺词 _ 中国新闻网（http://www.chinan-ews.com/gn/2017/12-31/8413457.shtml）
② 2018 年我国海洋工作有哪些看点？ _ 中国政府网（http://www.gov.cn/xinwen/2018-01/21/content_5259111.htm）
③ 平均每 2 千米海岸线就有一个污染源 _ 新华网（http://news.xinhuanet.com/mrdx/2018-01/18/c_136904194.htm）
④ 坚决打击违法围填海 _ 中国政府网（http://www.gov.cn/xinwen/2018-01/17/content_5257668.htm）

乎不可逆转的点。研究表明，南中国海的珊瑚覆盖率骤降至1978年前水平的15%，而赤潮的发生次数从1980年以前的每年10次左右增至每年70—120次。赤潮，也称藻花，它们把沿海水体变成赤红色，损害甚至对海洋生物造成致命性打击。[①] 八是从2018年1月21日全国海洋工作会议上获悉，要全面建立海洋生态保护红线制度，将全国30%的近岸海域和35%的大陆岸线纳入红线管控范围。海洋保护区面积实现五年内翻两番，占管辖海域面积达4.1%。九是国家海洋局将在2018年完善海洋督察工作机制，打造海洋督察专业队伍；抓好首轮海洋督察发现问题的整改工作，从现在起到2020年，实现近岸海域优良水质占比超过85%，再完成2000公顷的海域、海岸带整治修复；到2035年，海洋生态环境明显改观，具有自然生态系统功能的大陆岸线占比达到50%，水清、岸绿、滩净、湾美、物丰的美丽海洋建设目标基本实现。[②] 十是近年来大数据已全方位进入经济社会和人们的生活当中。大数据也为海洋科学研究带来了新的方法论。据统计，全球数据总量每年都在倍增，预计到2025年，将达到163ZB。中国数据量将约占全球数据总量的20%。大数据蕴藏着巨大的价值和潜力，是与矿产资源、水利资源一样重要的战略资源。目前，中科院地球大数据资源总量约38PB+8000万条记录，已形成210余个数据库。预计未来5年内，新增数据量将超过10PB。这些数据对很多重大问题如气候变化、自然灾害、资源短缺、生态退化、水土污染、大气雾霾等都可以做多学科深度交叉联合、系统和综合的研究。可以把资源、环境、生物、生态等领域的数据汇聚

---

① 中国海洋生态系统退化速度惊人 _ 参考消息网（http://china.cankaoxiaoxi.com/2014/0810/456171.shtml）
② 中国海洋生态文明建设成效显著 _ 新浪（http://news.sina.com.cn/o/2018-01-22/doc-ifyquixe5835188.shtml）

起来，力求在资源环境、海洋、三极、生物多样性及生态安全领域取得重大突破。还将与国际、国内重要的地球大数据组织机构进行互联互通与数据共享，成为国际地球大数据研究的引领者。[①] 十一是事故发生后，“桑吉”轮上约 13.6 万吨凝析油是否会对东海的海洋生态环境造成严重影响，会对海洋生态、渔业和人类生产生活造成哪些影响，都需要研究。凝析油的 99% 以上基本会进入大气层。由于油的挥发性比较严重，所以大气就会有燃烧和有烟气沉降。[②] 十二是海洋生态环境状况基本稳定，符合第一类海水水质标准的海域面积占管辖海域面积的 95%，比上年有所增加。近岸局部海域污染较严重，冬季、春季、夏季和秋季劣于第四类海水水质标准的近岸海域面积分别为 5.12 万平方千米、4.21 万平方千米、3.71 万平方千米和 4.28 万平方千米。入海排污口邻近海域海洋环境质量状况总体较差。在枯水期、丰水期和平水期，监测的 68 条河流入海断面水质劣于第 V 类地表水水质标准的比例分别为 35%、29% 和 38%。陆源入海排污口达标排放次数比例为 55%。监测的河口、海湾、珊瑚礁等生态系统中 76% 处于亚健康或不健康状态。赤潮灾害次数和累计面积均较上年明显增加，绿潮灾害分布面积为近 5 年最大。建立各级海洋自然和特别保护区（海洋公园）250 余处，总面积约 12.4 万平方千米。新批准建立国家级海洋公园 16 个。全年安排海洋生态整治修复专项资金 26 亿元，在 18 个城市实施“蓝色海湾”工程。[③]

[①] 地球大数据，中国正发力 _ 新华网（http://www.xinhuanet.com/2018-02/13/c_1122410856.htm）

[②] 中国近海油污之灾 东海撞船事故最新进展：巴拿马油船“桑吉”爆燃沉没 _ 军民资讯网（http://news.junmin.org/2018/xinwen_minsheng_0115/260982.html）

[③] 2017 年中国海洋资源情况分析 _ 中国产业信息网（http://www.chyxx.com/industry/201711/581316.html）

现在，中国的海洋经济已经进入一个新时代。新时代有新理念、新常态。其表现形式如下：一是在 GDP 上，海洋经济在 2016 年增长了 6.5%。二是在开放水平方面，2016 年，与"21 世纪海上丝绸之路"沿线国家贸易额近 8900 亿美元。三是在民生改善方面，2016 年，涉海就业人员总规模达 3624 万，占全国就业人员总数的 4.7%。四是在国际方面，2017 年年底，由广东省政府和国家海洋局共同举办、以"蓝色引领，创新发展"为主题的海博会，吸引了来自全球 63 个国家和地区共 3000 多家中外企业前来参展。五是在课题研究方面，十九大后，海洋研究进入新常态，努力在"找准定位、长远规划"上做好建设海洋强国的制度安排。六是在问题导向方面，从现在起到 2020 年，要紧扣海洋发展中的不平衡、不充分问题，着力提升海洋经济增长质量，海洋生产总值将达到 10 万亿元，带动涉海就业人数将达到 3800 万。七是在海洋生态方面，要积极推动海洋生态环境质量持续向好的方向发展，实现近岸海域优良水质占比超过 85%，再完成 2000 公顷的海域、海岸带整治修复。海洋综合管理水平、海洋业务支撑能力以及海洋科技实力将有效提升。八是在展望未来方面，到 2035 年，在海洋装备、海洋生物、滨海旅游、海水利用、海洋新能源、海洋交通运输等产业领域要形成若干个世界级海洋产业集群，海洋生态环境明显改观，具有自然生态系统功能的大陆岸线占比将达到 50%，水清、岸绿、滩净、湾美、物丰的美丽海洋建设目标将基本实现，海洋科技实力将显著提升。其中，全球海洋科学考察和立体观监测的能力将达到世界先进水平。①

———————

① 2020 年中国海洋生产总值力争达到 10 万亿元 _ 中国新闻网（http://www.chinanews.com/cj/2018/01-21/8429652.shtml）

二、前景与未来

这既是对海洋经济"未来"发展进行的展望，又是对海洋经济发展潜力进行的预测。未来的海洋经济将在如下 13 个方面有所推进：

(一) 公共经济

人类发展至今已经经过了完整的地中海经济时代和大西洋经济时代，现在正在走进一个太平洋经济时代。20 世纪是太平洋时代的初级状态，19 世纪是太平洋时代的前奏状态。19 世纪有两大事件标志着人类进入了一个太平洋时代的前奏状态：一是 1840 年的鸦片战争和 19 世纪 60 年代的日本明治维新的成功，二是美国在 1898 年同时占领了夏威夷和菲律宾两个国家。人类下一步将迈向一个北冰洋时代。其实，每个时代都是以一个海洋作为公共关注的焦点为标志的。公共意识是 20 世纪 50 年代即第二次世界大战结束后发展起来的一种意识形态。把海洋看成人类命运共同体的主要载体，是对"公共海洋"理念最大层面、层次和程度的体现。

(二) 全球经济

这是一种视角经济。它是由怎么看待人类所居住的这个星球的视角决定的。早在 2007 年年初就有专家认为，把人类居住的这个星球称为"地球"是一种误称，它应该称为"水球"。因为它的表面积 71% 被海水所覆盖。[①] 当然，也有人认为，这只是一个称谓问题，无妨大雅。其实，称谓的不同体现的是概念的不同，不同的概念蕴含的理念也不同。"水球"和"地球"的称谓不同，反映的是对资源认识的不同：在"地球"中，陆地资源是最大的资源；在"水球"中，海洋资源才是最大的资源。其实，海洋经济最表象就是一个海水经济，海水经济应该占到地球经济71% 的比重。但现在还相去甚远。

这既是一种全球性的整体经济，又是一种全球性的立体经济。这需要突破人们的地图思维。自从产生了世界地图以来，地球就被纳入了一个整体思维之中。虽然比较流行的世界地图有三张，但实际上，世界地图有五张。[②] 特别是第五张由中科院武汉测量与地球物理研究所的研究员赫晓光绘制的竖版世界地图，将一改人们对地球的平面思维方式。因为海洋是全球性的，不仅到处是海洋，处处都是被海洋所包围的，最主要的是所有海洋都是连在一起的，都是相通的。并且，深海、海面和大气三层又是立体式互动和互换的，形成了一个地球的一体立体的经济形态。其中，地面和海面形成的经济至多只是一种全面经济。只有把深海经济和大气经济与全面经济融为一体，才能成为一种地球的一体立体经济。但这种经济是经济全球化之后的一种结局和结果。它需要建立在全球资源全球化循环、互动、使用和利用上。其中，大宗商品资源全球化调配只是一种方式。而最大的全球性资源搬运又是人力难为和不

① 黄建钢.论"中国国家海洋战略"——对一个治理未来发展问题的思考［J］.浙江海洋学院学报(人文科学版), 2007(1).

② 最早的世界地图是以地中海为中心的。它是考古学家在伊拉克一个古老城市的废墟中发现的。那是一张古巴比伦地图，在古代，那个地方属于美索不达米亚。第二张世界地图是以大西洋为中心的。并不是因为问世早，而是因为大西洋曾经是世界中心。第三张世界地图是以太平洋为中心的。并不是因为问世晚，而是因为从19世纪开始，世界中心在向太平洋转移。第四张世界地图是联合国徽章。它本身就是一张以北冰洋为中心的世界地图。第五张世界地图就是由中科院武汉测量与地球物理研究所的研究员赫晓光绘制的竖版世界地图。

能为的。现在，海洋经济发展如何已经直接关系到全球生态和气候的情况。所以，海洋经济一定是从全球考虑形成的经济，一种从全球人类利益而不是以局部国家利益出发的经济考量。要充分认识到，海洋经济在整个地球经济中的一个中枢和枢纽的地位和作用。它连接着陆地经济和大气经济，任何陆地经济都是需要经过海洋经济的输送才能到达大气经济的。同时，大气经济又是通过海洋经济再反馈给陆地经济的。大气通过海洋才反过来对气候和气象①作用和发力。由此来看，北冰洋的根本重要性还不在于一个是否通航的问题，而是一个全球经济气候变化的监测地。北冰洋通航本身说明地球的生态已经在发生质的变化。对这种变化，人类应该给予高度重视。从经济角度的重视才是最根本的重视。但这种经济角度不完全是一种经济利益的角度，而是一种以经济效应包容经济利益和效益的角度。

（三）自贸经济

以十九大为标志，中国的开放经济已经从"特区时代"三级跳进入了自由贸易港时代。2011年3月14日第十一届全国人民代表大会第四次会议批准的《国民经济和社会发展第十二个五年规划纲要》中提到要"重点推进河北沿海地区、江苏沿海地区、浙江舟山群岛新区、海峡西

---

① 气象是当前的，或者未来几天的，而气候是具有周期性和地域性的。秦汉时期就有二十四节气、七十二候的完整记载。"气候"一词源自古希腊文，意为倾斜，指各地气候的冷暖同太阳光线的倾斜程度有关。按水平尺度大小，气候可分为大气候、中气候与小气候。大气候是指全球性和大区域的气候，如热带雨林气候、地中海型气候、极地气候、高原气候等；中气候是指较小自然区域的气候，如森林气候、城市气候、山地气候以及湖泊气候等；小气候是指更小范围的气候，如贴地气层和小范围特殊地形下的气候如一个山头或一个谷地。世界气候大致分为以下几种类型：寒带苔原气候、温带针叶林气候、温带阔叶林气候、温带季风气候、温带草原气候、温带沙漠气候、亚热带森林气候、亚热带季风气候、热带沙漠气候、热带雨林气候。

岸经济区、山东半岛蓝色经济区等区域发展";十八大报告提出"统筹双边、多边、区域次区域开放合作,加快实施自由贸易区战略,推动同周边国家互联互通";2013年批复中国(上海)自由贸易试验区;十九大报告提出"赋予自由贸易试验区更大改革自主权,探索建设自由贸易港"。

从世界历史的角度来看,自贸港的发展经历了"走私港""通商口岸""免税港""自贸港",现在要建的是一个21世纪具有很强综合性和枢纽性的"自贸港"。进入21世纪海洋时代后,世界对自贸区、自贸港的需求也进入了一个新时代。新时代既需要开放度,更需要包容力。包容力越大,自贸经济就越发达,自贸港的发展就会越迅猛。这也是一个"东方新大港"的基本态势、特点、规模和效应。现在世界需要网络全球化态势中的自贸港,需要在海洋时代潮流中的自贸港,而现在还没有可以满足这些需求的自贸区和自贸港。这也是中国的一种责任。中国筹建自贸港及其城市是一种"富起来"后想要"强起来"的主动行为。不仅是中国的发展需要这样的自贸港及其港城,更是中国应该满足世界对这样自贸港及其港城的需要。世界还需要可以进一步促进全球充分、平衡和均衡发展的自贸区和自贸港及其港城。

(四)一路经济

具有现代性质的"一路"应该具有这样五大特性:一是统筹性。需要统筹"一路"和"一带"的互动和协作。二是立体性。虽然现在的"一路"只是走在海面,但需要空中和深海构筑立体之态,还需要构筑与理念、文化和制度一起的立体性。三是发展性。它不仅是中国再发展之路,还是整个世界再发展之路。四是全球性。它将覆盖、包围和渗透整个地球。五是网络性。不仅海上航线要形成网络，最主要是要以空中Wi-Fi 网络覆盖全球，使全球在航线上的船舶和人员都在 Wi-Fi 网络的覆盖之下。[①]

马克思早在 19 世纪就预计过人类会有一个"太平洋时代"。现在，无论是太亚经济合作组织还是跨太平洋伙伴关系协定或是亚太自贸区，都在揭示这个"太平洋时代"已经到来。太亚经济合作组织的建立表明，太平洋时代正在挑战第二次世界大战后形成的国际秩序。

"一路"经济既是一条以中国为起点全面布局全球的经济发展之路，也是一条以中国为原点全面出击全球的经济发展之路，更是一条以中国"强国"和中华复兴为目标的全面突围的经济发展之路。它是一个什么概念呢？第一是一条海上之路。第二是一条调配全球资源之路。第三是一条纽带之路。中国要连接世界，先要有纽带，这就是"21世纪海上丝绸之路"。第四是一条区域发展之路。"区域"不是国土，不是疆域，而是影响力。第五是一条"包容性增长之路"。要想兼济天下，先要独善其身；要想"外王"，先要"内圣"。

（五）港口经济

第一级"港口"是"准级海港"。它实际是指通往海洋的江河之港。之所以叫"准级"，是因为还没有到"正级"海港的程度，但一是为海港

---

① 据《亚太日报》2018-03-04 报道，中国航天科技集团计划在 2018 年全面启动全球移动宽带卫星互联网系统建设。该系统是一个部署在低轨道的通信卫星星座，一期建设工程将发射 54 颗卫星，后续会实施二期工程建设，实现系统能力的平滑过渡，卫星数量将超过 300 颗。该系统将建成为全球无缝覆盖的空间信息网络基础设施，能够为地面固定、手持移动、车载、船载、机载等各类终端，提供互联网传输服务，可在深海大洋、南北两极、"一带一路"等区域实现宽、窄带结合的通信保障能力。参考：中国将建 156 颗卫星天基互联网 Wi-Fi 信号覆盖全球 _ 亚太日报（http://cn.apdnews.com/china/824219.html）

做准备的；二是发挥了海港作用的，如过去的上海港——在没有洋山港之前的上海港就不是一个海港，而只是一个黄浦江上的港，但它发挥了一个海港的作用。长江上的港口都是这样的港，如武汉港、马鞍山港、南京港、南通港、张家港，等等。第二级"港口"是"海港"。它是直接面临"海域"港口的统称。在中国，陆地国土面向叫"海"的水域有日本海[①]、渤海、黄海、东海和南海。虽然还没有"日本海"的海港，但渤海港、黄海港、东海港和南海港都是早已成形。其中除了最典型的内海港——渤海上的塘沽港外，其他的海上港口都是一种"半海半洋"的港口。它们虽然也在海里，但受到洋的影响很大。第三级"港口"是"洋港"。它是直接面临"洋域"港口的统称。大西洋两岸的港口和日本东南侧的港口基本都属于这种洋港。这种港口的最大特点是可直接进入大洋，可直通联系全球的洋流系统。这是实现经济全球化的海上通道。第四级"港口"是"全球港"。目前它还是一个"想象港"。从物质服务的层面来看，它将跳出国家的范畴而为全球经济发展服务的。全球五个金砖国家都可按这个思路筹建属于自己的"全球港"——印度的"全球港"面对的是印度洋，巴西的"全球港"面对的是大西洋，南非的"全球港"面对的既是印度洋，又是大西洋，俄罗斯的"全球港"面对的是北冰洋，中国的"全球港"面对的是太平洋。关键是要在这五个"全球港"的基础上再形成一个"全球港联盟"，要统一规格和制度，要有零距离和无缝隙对接和合作。

从全球来看，港口经济的发展可以如下三个港口为标志：第一是香

---

① 目前还不能说中国是日本海的周边国家。现在图们江口为俄罗斯和朝鲜的分界线。图们江口往里15千米才是中国珲春市。出于北上北冰洋考虑，中国必须加强与俄罗斯、朝鲜合作共建"图们江口港"。它应该被纳入"共建'一带一路'"的国家"愿景"战略工程中去考虑。

港。香港是一个完全纯粹的自由贸易港，既是按照19世纪之前人们对海洋作用和贸易效果的理解和认识来构建的，又是按照当时世界上最理想和最普遍的港口效果构建的。它没有自己独特的产品，但是世界上独特产品的低价和廉价的自由贸易地。第二是新加坡港。自20世纪60年代以后，新加坡的崛起形成了一个概念港口经济的发展要有自己独特的产业和产品支撑。新加坡的主要产业和产品是油品加工及其销售——把中东的原油拉来进行加工提高附加值并提供细致周到的服务后形成新的港口经济。由此来看，新加坡港是一个"半贸易与半产业或者半科技"相结合的港口。第三是全球港。目前它还没有现实港可以作为案例和举例，尚处于创新、创业和创造之中。它不仅要跨国界，还要跨洲界和洋界。它不可缺少贸易，但不能以贸易为主，只能为基础；不仅要有科技，还要以科技为主；不仅要有加工业，更要有以科技为基础的制造业，要形成自己港口独特的甚至是独一无二的产品。

(六) 生态经济

海洋生态经济要大力发展的是一种吸碳经济。这是发挥海洋对空气的吸碳放氧生态力的体现。吸碳经济是一种人类对空气和大气中碳含量调控的措施。海洋的吸碳放氧功能具有极大的经济效益和效应。这既是一种新型的海洋经济方式，更是一种还在想象之中的生态经济方式。发展这种"吸碳经济"，不仅会使中国的生态经济有新的突破，而且会使中国对地球生态良性化有新的贡献。

其中，要特别发展生态渔业。据联合国粮农组织（FAO）预计，全球的渔业产量将达到1.94亿吨。未来十年，全球渔业产量依然保持增长，但增速与过去10年增速的2.4%比，将大幅减缓，年平均增长率为

1%。捕捞渔业与过去 10 年为 0.3% 的正增长比或要实现 0.1% 的负增长。其中，生态水产养殖依然是渔业的主要引擎，但增速将从 5.3% 减至 2.3%，到 2021 年，养殖总量将超过捕捞，到 2025 年，全球养殖产量将突破 1 亿吨。捕捞渔业的全球产量将在 9130 万—9370 万吨浮动。全球渔业捕捞配额不会增加，气候变化、厄尔尼诺现象等将打乱鱼粉鱼油产业的正常周期。未来十年，捕捞产量可能出现负增长。相反，鱼粉和鱼油的产量将分别增长 7.7%（34 万吨）和 5.0%（4 万吨）。至 2026 年，全球水产品年交易量将达到 4400 万吨，增长 13%，增速较年前的 23% 降低 10%。其中，亚洲国家将成为最主要的水产品出口国，总体出口量占全球的 74%，主要产品为养殖鱼虾贝类。中国将依旧保持领主地位，出口量占全球份额的 20%。越南将占额 8%，将赶超占 7% 的挪威，成为世界第二大水产品出口国。[①]

(七) 旅游经济

海洋旅游应该成为人类未来海洋生活的前奏。下面介绍三种典型的海洋旅游项目：

1. 海上漂流。

这是依照人类先人漂洋过海之路而设计的海洋旅游项目。中、韩两国专业人士已经在中国浙江省舟山市朱家尖岛上举办了三次竹筏跨海漂流探险。第一次是在 1996 年 7 月 22 日起漂的。竹筏从舟山群岛起漂，期望到达韩国仁川。经过十多天漂流后，在到达韩国黑山岛附近海面时，受到太平洋台风影响，本来航向东北的竹筏折向西北，最后漂到

---

① 联合国粮农组织（FAO）与经合组织（OECD）联名发布的"2017—2026 农业发展展望（Agriculture Outlook 2017—2026）"报告。

山东省石岛靠岸登陆。第二次是在 1997 年 6 月 15 日起漂的。这次也是由舟山漂向韩国仁川的。途中，竹筏又遭遇了台风。由于改进了竹筏的抗风浪性能，在中、韩两国五名队员齐心协力的操控下，竹筏终于在 7 月 8 日登上了韩国仁川港，宣告"东亚地中海号"竹筏跨海漂流成功。之后，韩国人又把竹筏漂到了日本。第三次是在 2003 年 3 月 23 日起漂的。经过渔船 30 多个小时的航拖，在距舟山 400 多海里的山东石岛附近海域放漂。"张宝皋号"竹筏带着 5 名中、韩两国探险队员开始自主漂流，开启了中、韩第三次竹筏跨海漂流探险的航程。1996 年、1997 年、2003 年三次横跨东黄海的中韩竹筏漂流，是中、韩两国学者在当代使用原始的航海工具，凭借海洋上劲吹的季风和终年不停的洋流，探索历史上东亚地区的海上交往航线，实验了史前人类所拥有的航海能力和实力，为史前人类的海上迁徙提供了科学的实证依据。①

2. 海洋生存。

这也是一个目前还在专业层面的、具有良好发展前景的爱好者旅游项目。目前它的发展还以海岛生存为主线，下一步发展会以海上生存为主线，甚至还会发展海下生存为主线。目前国内由高教学会体育专业委员会颁发的唯一"海岛野外生存教学实验基地"在浙江海洋大学。其中主要是对大学生进行"海岛生存生活训练"。这是利用海岛的特殊地理、气候环境条件下的生存训练方式，以无人或人烟稀少的孤岛、半岛、列岛、群岛等原生态海岛作为训练基地，在不完全依靠外部提供物质的基础上，保存与维持基本的生命活动并依靠个人和团队力量完成各项海岛生存生活训练课程目标。

---

① 这些内容由参加过这三次漂流的浙江海洋大学浙江舟山群岛新区研究中心舟船文化与海上漂流研究所所长胡牧研究员提供。

3. 环海洋旅游。

一是从线路以及时间上看，环海洋旅游可以分为环海旅游、环洋旅游和环全球旅游。以中国为例，可以设计环渤海旅游、环黄海旅游、环东海旅游、环南海旅游以及环中国海旅游——以天津港为出发港，途经潍坊港、烟台港、青岛港、日照港、连云港、上海港、宁波—舟山港、台州港、温州港、福州港、厦门港、汕头港、香港港、广州港、澳门港、海口港、湛江港、防城港、三亚港、金兰湾港、新加坡港、西哈努克港、吉隆坡港、马尼拉港、高雄港、基隆港、冲绳港、东京港、大阪港、釜山港、仁川港、海州港、丹东港、大连港、秦皇岛港、天津港；也可以中国为例设计环太平洋旅游线路，从中国海岸线中端的浙江省舟山出发，先南下经台湾岛、菲律宾群岛、西太南太群岛到澳大利亚岛，再东行穿过太平洋到阿根廷南部的乌斯怀亚港，然后沿着太平洋东线北上经过卡亚俄港、巴拿马港、墨西哥城港、圣地亚哥港、旧金山港、洛杉矶港到达温哥华港，再西行经过夏威夷港、东京港、大阪港、釜山港回到舟山港；也可以再以中国为例设计环全球海洋旅游，可以分为按照纬度旅游、经度旅游和经纬度混合旅游三种方案进行设计。其中，按照经度旅游可以从舟山出发，先东行到夏威夷，然后从夏威夷北上穿过白令海峡进入北冰洋，再从冰岛穿出北冰洋进入大西洋，然后南下穿过大西洋，再进入太平洋从东南角往西北方向走，再回到舟山。按照纬度旅游，可以从舟山出发，略微南下，然后西行过马六甲海峡进入印度洋，再过苏伊士运河进入地中海，再经直布罗陀海峡进入大西洋，再经过巴拿马运河进入太平洋，最后经过夏威夷、日本港口返回舟山。这个纬度旅游还有一些重走北纬30度之路的味道。为此，可以做出一周游、十天游、半月游、一月游、一旬游、半年游、一年游等海洋旅游方案。

二是从内容角度进行设计，海洋旅游可以分为两大类：一类是观光游、体验游、保健游；另一类是购物游、历史遗迹游、风俗民情游。它们既有纬度和经度不同引起的不同风光，又有不同历史形成的不同文化，甚至在远离大陆的海上小岛上还保留了人类先人的很多文化遗迹。这些对于研究人类发展史和人类海洋发展史都具有不可取代的历史价值。旅游这些遗址，对海洋对人类的作用会有崭新的认识和认知。同时，这种旅游还可以分为海面环游和潜海环游两个层面。其中，潜海式海洋旅游具有一定程度的探险性。由此还可以大力发展对海洋旅游的保险业务。把军事潜艇民用化，可以借此到水下去看一看水下古迹、水下火山口、水下地质、水下生物奇观现象等。还可以发展潜海旅游对某些疾病的特别疗效作用——某些疾病的治疗需要有一个大气压力的环境。

(八) 服务经济

1. 海事服务。

自有航运起，就有海事服务。开始的服务就是建灯塔和守灯塔。现在一般都是一种对服务的管理，而不是一种服务型管理。所以，"舟山服务中心"实质是一种对"江海联运"的服务，而不是对"江海联运"的管理；不仅是一种船舶航运的服务，更是一种便利、快捷和生活的服务。中国的海洋经济应该尽快进入一个服务经济的状态。这要求"舟山海事"一要从"狭义海事"走入"广义海事"，二要从"国内海事"走进"国际海事"，三要从"国内局部海事"走到"国家级新区海事"，四要从"内水海事"走到"沿海海事"再走到"海上海事"，五要从"海岸线海事"走向"海岛海事"，六要从"近海海事"走进"远洋海事"。现在，中国的海事基本是一个防御性海事。"21世纪海上丝绸之路"需要高程度和零距离地与国际接轨。所以，要变"舟山海事"为"舟山新区海事"。此转变任重而道远。

2. 金融服务。

近代金融一开始就是与航海有关的。航海和海外开发都需要资本支持。海洋金融也是人类最早金融经济的源头之一。"波罗的海指数"就是一个衡量国际海运情况的权威指数。它是海洋金融经济发展态势的重要参数，但那是以北大西洋为航运中心的航运指数。现在，航运中心已经转向了西北太平洋区域，应该在"西北太"区域发布新的"航运指数"，并在"西北太"区域设立"海洋股市"，吸纳从陆地经济发展起来的资金，再投资到海洋经济中去。海洋经济需要海洋工程、海洋矿藏、海洋生物、海水利用和海岛扩建等项目，而这些项目又需要海洋科学和技术的支撑。海洋科技又特别需要海洋金融给予资本和资金方面的支持。海洋股市又将充分吸纳越来越多的社会资金。应该设立专门的海洋银行，这个银行不是名称上的，而是有一种不同的新型机制。海洋投资具有额度大、周期长、见效慢、风险大，回报也大的特性。

其中，碳汇经济是发展吸碳经济的一种融资方式。它既与吸碳经济有关，又不同于吸碳经济。吸碳经济属于科技经济，而碳汇经济属于金融经济。为此，在舟山应该建立一个国际性的"吸碳经济"股市板块。希望通过把做"吸碳经济"业务的企业放到股市上去进行广泛的社会融资，再用融资到的资金去发展"吸碳"的科学和技术以及"吸碳产品"的研发，然后对以舟山海域为主的东海海域的吸碳功能、能力和能量进行科学和量化的调查、研究、检测与评估，进而实现舟山海域的吸碳量与陆地企业的排碳量之间的转换和置换。这不仅要求对一个企业的碳排量进行检测和量化，而且要求对一个国家和地区的碳排量进行检测和定量。不是让他们"减排碳量",而是让他们购买"排碳指标"。这就是一种"碳汇制"。什么是"碳汇制"? 就是要根据排碳量的多少来付钱。这就需要对产品、企业的排碳状况进行精准的测量,如果做不到精准,就很难给予"碳汇指标"。"排碳"企业和国家一定要先取得"排碳指标",才能进行"排碳"生产。如果后来由于技术改进,排碳量下降了,一个企业的排碳指标就会多余,这时就可以进行"碳汇"交易。有些企业由于设备老化,排碳量超出"排碳指标",这时就需要从他处购买"碳汇"指标。

3. 文化服务。

海洋文化不仅需要服务在"海上"的人,更需要服务远离海洋的人。最能打动人心的就是海洋艺术的服务。这是把海洋作为文化艺术内核的经济,例如以海洋为中心或背景的文学艺术作品、影视片、纪录片等。所以,文化服务经济既是巨大的,又是潜力无限的,还是需要创新和创造的服务经济。

(九) 大湾区经济

这是建立在湾区文化基础上的湾区经济发展。湾区文化一般是江河文化和海洋文化的结合部,一般是农耕文化和海洋文化的结合部。从发展方向和时代特性的角度来看,大湾区经济应该纳入海洋经济的范畴。大湾区经济的核心在于怎么利用好湾区"湾"的自然资源。中国不仅具有丰富的大湾资源,如渤海湾、黄海湾、杭州湾、珠江湾、北部湾等,而且具有众多的小湾区资源,如台州湾、温州湾、泉州湾等。其中既有国内的,如渤海湾、杭州湾和珠江湾等,又有国际的,如黄海湾、北部湾等。中国至今的湾区经济还只是一个统计概念,而尚未进入一个有机、互动、互补和共促发展的状态。这也是海域经济学应该给予审视、考虑和研究的。具有有机性的大湾区经济往往是相互依存、相互支撑和相互配合而形成合力的。这特别需要系统思维、整体思维和综合思维的支撑。

在中国的大湾区经济中,"杭州湾"的湾区经济应该给予高度重视。现在,珠江湾大湾区已经基本形成,正式名称是"粤港澳大湾区"。在2018年3月9日两会期间,习近平总书记在参加十三届全国人大一次会议广东代表团审议时做出指示:一定"要抓住建设粤港澳大湾区重大机遇,携手港澳加快推进相关工作,打造国际一流湾区和世界级城市群"[1]。虽然"杭州湾湾区"的概念基本是在2017年5月才兴起的[2]——之前叫"钱江口"。2017年6月浙江省第十四次党代会提出,要谋划实施"大湾区"建设行动纲要,重点建设杭州湾经济区。[3]2017年7月12日上海市委与来访的浙江省党政代表团举行两地经济社会发展座谈会表示,"上海将全面积极响应浙江省委、省政府提出的深入推进小洋山区域合作开发、共同谋划推进环杭州湾大湾区建设"[4]。其中,改变闻名遐迩的"八月十五钱塘江大潮"为"八月十五杭州湾大潮"是一个关键。"杭州湾"就在北纬30度上。"△型杭州湾"概念指从"△"顶部按照逆时针方向包括上海、杭州、宁波和舟山。杭州湾湾区分为四个层次概念:一是小杭州湾概念,以嘉绍大桥为线。二是中杭州湾概念,以杭

---

① 习近平把脉广东发展,代表热议创新、引才、大湾区 _ 中国新闻网(http://www.chinanews.com/gn/2018/03-09/8464058.shtml)
② 海洋文化与杭州 _ 浙江海洋大学新闻网(http://news.zjou.edu.cn/info/1042/15921.htm)
③ 浙沪共谋杭州湾大湾区建设 _ 人民网(http://zj.people.com.cn/GB/n2/2017/0731/c186806-30548854.html)
④ 环杭州湾大湾区——中国将迎来世界第五大湾区! _ 搜狐网(http://www.sohu.com/a/162134014_810044)

州湾大桥为线。三是大杭州湾概念，以舟山群岛为线。四是"杭州湾文化"概念，以流向杭州湾的水系为线。其实，中国传统文化就是一种水文文化。"杭州湾文化"中最大的水系就是钱塘江水系。钱塘江水系还有南源和北源的区别。其次之的水系南岸有曹娥江、姚江、奉化江等，西北岸有黄浦江水系等。这里不仅孕育了7000年前的"跨湖桥—河姆渡—马岙"新石器文化带，还培育了5000年左右的"尧舜禹"文化带。这个地方至今依然具有非常强劲的创新能力，是现在地球上经济最活跃、思维最活跃、文化最活跃的区域之一。仅把上海、杭州、宁波三个城市的GDP加在一起，就非常可观。这种文化的发展一直都没有中断过，且还连绵不断。有2500年前的越王勾践卧薪尝胆文化，有1800年前的绍兴兰亭序文化，有1000年前的南宋文化，还有明清时期的王阳明知行合一文化和黄宗羲的民本思想文化。

（十）开放经济

对陆地经济来说，海洋经济的第一印象就是一个"开放经济"。这也是以习近平同志为核心的党中央在2017年7月17日召开的中央经济工作会议中提出的"要创新开放新体制"的基本内核。在十九大报告中，习近平也提"开放"提了27次。党中央还把"开放"纳入了"十三五"五大发展理念之一。中国做自由贸易试验也是为了加快"开放"建设。

现在，世界需要一种全球开放。进入21世纪后，人类的"开放"无论在方面上还是在程度上，都在急剧下跌。亨廷顿（Huntington）的"文化冲突预测及其理论"早就告诉人们，文化的问题是21世纪最大和最核心的问题。"文化"既与"意识形态"不同，又与"文明"不同。文明的冲突源自文化的差异。21世纪是一个在文化差异基础上的文明冲突的世纪。所以，缓和与缓解文明的冲突与文化的差异是21世纪人类的主要任务。^① 所以，谁能率先创新和创造一种最开放和全开放的模式、方式和范式，谁就会在下一轮"再发展"中占据先机和赢得优势。现在，创新和建立一种全新和全球开放的港口是一条十分重要的路径。

---

① 萨缪尔·亨廷顿.文明的冲突与世界秩序的重建[M].周琪，刘绯，张立平，王圆，译.北京：新华出版社，2010.

参考文献

1.亚里士多德.政治学［M］.颜一，秦典华，译.北京：人民大学出版社，2003.

2.孟德斯鸠.论法的精神［M］.许明龙，译.北京：商务印书馆，2012.

3.胡果·格劳秀斯.海洋自由论［M］.宇川，译.上海：上海三联书店，2005.

4.阿尔弗雷德·塞耶·马汉.海权论［M］.一兵，译.北京：同心出版社，2012.

5.尤权.打造21世纪海上丝绸之路重要枢纽［J］.求是，2014(17).

6.张春海，白乐.建设21世纪海上丝绸之路具有全球意义［J］.中国社会科学报，2015-02-16.

7.郑贵斌.蓝色战略与海洋强国［M］.济南：山东人民出版社，2014.

8.刘宝森，张旭东，袁军宝，等.海内外专家聚焦"21世纪海上丝绸之路"［N］.经济参考报，2014.

9.骆小平.马克思主义"太平洋时代"理论［J］.马克思主义文摘，2014(1).

10.骆小平.海洋科技与海洋生态：马克思主义"太平洋时代理论"

的发展动力〔J〕.浙江海洋学院学报（人文科学版），2013（4）.

11.张海.21世纪海洋大国：海上合作与冲突管理〔M〕.北京：社会科学文献出版社，2014.

12.崔旺来.论习近平海洋思想〔J〕.浙江海洋学院学报（人文科学版），2015（1）.

13.刘亭.习近平总书记"经略海洋"战略思想的浙江实践〔N〕.浙江日报，2015-6-3.

14.徐红.21世纪是海洋世纪〔J〕.铁军，2014（1）.

15.杨国桢.重新认识西方的"海洋国家论"〔J〕.社会科学战线，2012（2）.

16.姚朋.世界海洋经济竞争愈演愈烈〔J〕.中国社会科学报，2016（1104）.

17.黄建钢.海洋十论〔M〕.武汉：武汉大学出版社，2011.

18.黄建钢."浙江舟山群岛新区·现代海上丝绸之路"研究〔M〕.北京：海洋出版社，2014.

19.黄建钢.再论"公共社会"〔J〕.中国行政管理，2009（9）.

20.黄建钢."经略海洋"与"海洋思维"〔N〕.光明日报，2013-11-25.

21.黄建钢.整体创新更重要〔N〕.浙江日报，2013-08-02.

22.黄建钢.论习近平"一路"之战略思想〔J〕.当代世界与社会主义，2015（4）.

23.张峰.马克思恩格斯论太平洋时代〔J〕.学术论坛，2014（12）.

24.莱恩.新公告管理〔M〕.赵成根，等译.北京：中国青年出版社，2004.

25. 奥斯温·默里. 早期希腊［M］. 晏绍祥, 译. 上海：上海人民出版社, 2008.

26. 焦念志. 通过“蓝碳计划”推动海洋科研发展［N］. 经济参考报, 2014-10-16.

27. 赵汀阳. 天下究竟是什么？——兼回应塞尔瓦托·巴博纳斯的“美式天下”［J］. 西南民族大学学报（人文社会科学版）, 2018（1）.

28. 李隆华. 海洋通论［M］. 杭州：浙江科学技术出版社, 2003.

29. 陈可文. 中国海洋经济学［M］. 北京：海洋出版社, 2003.

30. 孙斌, 徐质斌. 海洋经济学［M］. 济南：山东教育出版社, 2004.

31. 孙冰, 李颖. 海洋经济学［M］. 哈尔滨：哈尔滨工程大学出版社, 2005.

32. 朱坚真. 海洋环境经济学［M］. 北京：经济科学出版社, 2010.

33. 刘容子, 孙吉亭. 中国区域海洋学——海洋经济学［M］. 北京：海洋出版社, 2012.

34. 朱坚真. 海洋经济学（第二版）［M］. 北京：高等教育出版社, 2016.

35. 刘洁, 陈静娜. 海洋经济学［M］. 北京：海洋出版社, 2017.

36. 乔翔. 海洋经济学引论（第2版）［M］. 北京：北京师范大学出版社, 2017.